老年四季营养餐

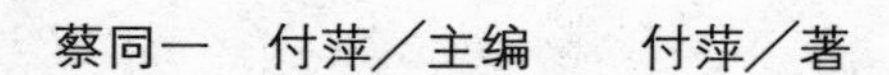

蔡同一　付萍／主编　　付萍／著

中国农业出版社

图书在版编目（CIP）数据

老年四季营养餐 / 蔡同一，付萍主编；付萍著
.—北京：中国农业出版社，2013.9
ISBN 978-7-109-18306-3

Ⅰ. ①老…　Ⅱ. ①蔡…　②付…　Ⅲ. ①老年人
-保健-食谱　Ⅳ. ①TS972.163
中国版本图书馆CIP数据核字（2013）第209246号

策划编辑　李　梅
责任编辑　李　梅
出　　版　中国农业出版社　（北京市朝阳区麦子店街18号　100125）
发　　行　新华书店北京发行所
印　　刷　北京中科印刷有限公司
开　　本　710mm×1000mm　1/16
印　　张　15
字　　数　280千字
版　　次　2013年9月第1版　2013年9月北京第1次印刷
定　　价　28.00元

编 委 会

贺“中国老年健康营养系列丛书”诞生

在中国老年学学会老年营养与食品专业委员会的不懈努力和各位专家的辛勤工作下，“中国老年健康营养系列丛书”问世了，真是可喜可贺，我表示衷心祝贺！

“十二五”期间，随着第一个老年人口增长高峰到来，我国人口老龄化进程将进一步加快。从 2011 年到 2015 年，全国 60 岁以上老年人将由 1.78 亿增加到 2.21 亿，老年人口比例将由 13.3% 增加到 16%，平均每年递增 0.54%。近期全国老龄办发布的《中国老龄事业发展报告（2013）》显示， 2013 年，我国老年人口数量将达到 2.02 亿，老龄化水平达到 14.8%。从现在起的 20 年里，我国平均每年老年人口数量约增加 1000 万人，到 2033 年将突破 4 亿人。国务院制订的《中国老龄事业发展“十二五”规划》中明确要求，要发展老年保健事业，开展老年疾病预防工作，科学养生、合理膳食是基础。世界卫生组织的医学专家提出：20 世纪是治病的时代，21 世纪是保健养生的时代。健康养生的基础是实现科学养生，必须做到科学饮食，警惕“病从口入”，做到“健康口中来”。众多的老年健康养生中的问题，可以从“丛书”中得到启示和解答！

健康养生的场所在厨房！我们正在推动中国老年健康营养餐工程建设，其宗旨是为了向老年人提供一份充满生命爱意的餐食，帮助老年人提高自身免疫力。人的自身免疫力才是疾病真正的克星！免疫系统有两大功能，一是清除，二是抵抗，清除体内死亡细胞和废物，抵

抗外来疾病的侵入。提高人体免疫系统功能的重要方法是靠餐饮提供的营养。“免疫系统的营养”已成为人们健康保健的十分重要的领域！它的研究成果将融入中国老年健康营养餐中，实现人体内外平衡。“丛书”出版的初衷是追求老年人健康长寿和快乐生活，分享健康营养美食，提高老年人的生活水平和生命质量！

“丛书”内容丰富，细致贴心，其中介绍了百岁老人们的共同点：食饮均衡、生活规律、起居有序、心胸宽阔、不妄劳作、乐做善事、自我调节、淡泊宁静、快乐生活、适度锻炼……让我们一起做到“预防为主、综合养生”，快快乐乐、无病无痛地活到老。

真诚感谢参与“丛书”编写的各位专家，感谢中国农业出版社对出版工作的大力支持。此套“丛书”的付梓也离不开中国食品工业（集团）公司、北京市科学技术协会、中国长寿工程基金会、天士力控股集团有限公司、泰康之家管理有限公司等单位长期以来的大力支持，在此一并表示衷心地感谢！

“丛书”出版是我们为孝老、爱老、敬老献出的一份厚重的心意，“丛书”将成为老年朋友实现健康长寿的良师益友。敬祝天下老年朋友健康长寿！

中国老年学学会老年营养与食品专业委员名誉主任

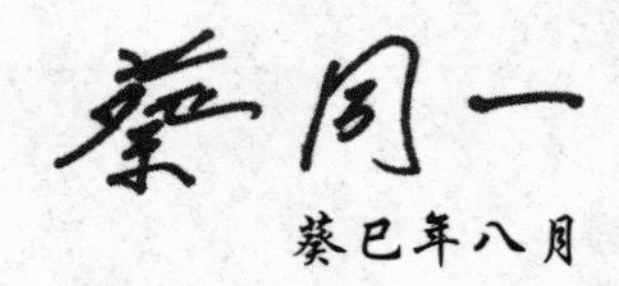

葵巳年八月

三、春季推荐食谱/46

（一）推荐荤菜/46

（二）推荐素菜/56

（三）推荐汤菜/64

第五章　老年人夏季营养餐/66

第六章 老年人秋季营养餐/81

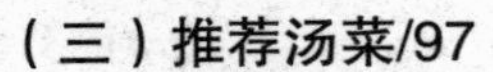

第一章 老年人的生理特点

一

老年人的生理特点

与年轻人相比较，老年人具有如下生理特点：

1. 随着年龄增加，基础代谢率下降

基础代谢率是指在静卧状态下，在适宜的环境中，为维持基本生命活动（心跳、呼吸、血压、体温等生命体征）所需消耗的能量。基础代谢率与器官的功能和体内肌肉的含量密切相关。老年人由于器官功能减退，肌肉减少，基础代谢明显下降，再加上身体活动量的减少，老年人能量消耗减少。如果从膳食中摄入的能量超过所需要的能量，体重就会增加。

2. 人体组成成分也随年龄增加发生缓慢变化

这种变化包括体脂增加，内脏器官实质细胞减少，细胞间质增加；机体内水分减少，皮肤弹性减低；骨骼中的矿物质和骨基质减少，骨密度下降。

3. 消化系统变化

牙齿松动，脱落，咀嚼功能减低；味蕾数目减少，对味道的敏感度减低；胃的各种消化酶及胃酸分泌减少，肠蠕动减慢，导致对各种食物消化吸收能力下降及易患便秘。

4. 心血管系统变化

老年人由于心肌细胞内积聚棕色的脂褐质，使心肌细胞功能减退。心脏中胶原和弹性纤维增多，心脏输出量减少，心脏瓣膜硬化、纤维化，使瓣膜增厚，弹性减退，可能导致心脏瓣膜狭窄和关闭不全。同时，老人血管日趋硬化，往往以升高血压来补偿，多数人血压随年龄增加而升高。老年人群高血压的患病率远远高于其他人群。

5. 视觉器官变化

老年人眼球晶体失去弹性，眼肌的调节能力减弱，视力减退。老年人易发生白内障、青光眼等眼部疾患。

6. 神经系统变化

表现为老年人记忆力、听力、视力、体温调节能力等反应能力降低。神经系统反应能力降低、手脚动作不到位导致老年人易发生意外伤害。触觉、温度觉、痛觉降低使老年人易发生烫伤。

7. 免疫系统变化

免疫系统功能的变化使老年人对环境的伤害、刺激的应激能力下降，对各种传染性疾病更为敏感；自身免疫性疾病增加（如银屑病、红斑性狼疮、结节病、类风湿性关节炎等）；细胞免疫功能下降，肿瘤发病率及死亡率增高。

二

衰老的表现及对健康的影响

1. 皮肤的变化及其影响

由于脂肪和弹力纤维减少，老年人皮肤弹性减弱，皮肤松弛，眼睑下垂，面部皱纹增多。皮肤的老化，汗腺数目减少并萎缩，造成皮肤干燥，对各种化学刺激反应和御寒功能降低。老年人易患多种特有的皮肤病，如色素斑、皮下出血、老年疣（脂溢性角化症）、日光角化症等。

2. 身体成分的变化及其影响

❶水分减少、脏器萎缩。

人在25岁时，全身水分约占体重的62%，而到了75岁时就只占53%。主要原因是细胞数量减少、萎缩，这会影响相应组织的功能。

❷脂肪组织增加。

老年人新陈代谢减慢，能量消耗降低，常常会摄入的能量大于消耗量，会导致多余的能量转化为脂肪储存于体内，脂肪占体重的比例增加，产生肥胖。

❸骨质密度降低。

40岁以后骨密度逐渐降低。骨胶质减少，钙含量降低，骨质疏松、骨脆性增加，容易发生骨折。特别是女性，更年期后骨钙减少的速度比同龄男性快，骨质疏松、骨质软化和骨折的发病率较男性高。

3. 新陈代谢的变化及其影响

❶基础代谢降低。

一个人全天消耗的总能量，是由基础代谢的能量加上各种活动消耗的能量，再加上进食所消耗的能量三部分组成。老年人基础代谢率降低，活动量减少，因此，每日消耗的总能量降低。

❷蛋白质合成速度减慢。

老年人体内蛋白质合成与分解速度明显低于年轻人，由于合成代谢减慢，易出现血中蛋白含量降低，发生水肿和营养性贫血，当受到外伤或感染时恢复缓慢。因此，老年人的蛋白质供应量不应降低，且更需要优质蛋白。

❸脂肪蓄积、血脂增加。

老年人体内脂肪所占比重加大，水分、细胞和骨骼内矿物质含量减少，血脂水平升高。这会增大发生心脑血管疾病的危险。

❹糖耐量降低。

糖耐量是指服用葡萄糖后一定时间段内血糖的变化情况。老年人糖耐量降低，服用一定量葡萄糖后，血糖水平难以恢复正常。因此，老年人群中糖尿病的患病率明显高于年轻人。

提示

人一天消耗的总量＝基础代谢能量+各种活动消耗的能量+进食所消耗的能量。

第二章

老年人的营养需求

一

老年人营养需求变化

老年人由于生理、身体结构、免疫功能的变化，对营养的需求自然不同于年轻人。其特点表现为以下几点：

1. 对膳食总能量的需求减少

老年人基础代谢比青壮年时期要降低10%～15%，加上日常活动量减少，因此能量摄取不宜过多，否则很容易由于能量的摄入量超过消耗量而引发超重和肥胖。

2. 蛋白质需求不变

老年人对能量需求减少，但对蛋白质的需要量不能低于成年人。而且老年人消化吸收功能减退，在总体进食量减少的情况下，为老年人提供足够的优质蛋白质是十分必要的。营养学家建议老年人蛋白质参考需要量为每天1.2克/千克体重，其中1/3应为优质蛋白质。优质蛋白来源于动物性食物（即肉、禽、蛋、奶、鱼）和大豆及其制品，这些食物的氨基酸构成较为合理，生物利用率较高。

3. 矿物质的供给必须充足

老年人，特别是老年妇女，由于内分泌的改变，骨矿物含量逐渐减少，增加钙、磷等元素的摄入对减少骨质丢失、预防骨质疏松有一定的作用。老年人对铁的吸收率减少，缺铁性贫血十分普遍，适量增加铁的摄入可减少缺铁性贫血发病率。微量元素锌、硒等具有抗氧化作用，对延缓衰老有一定的意义。

4. 对维生素的需求增加

维生素作为调节生理功能的营养素对各年龄段的人都十分重要，对老年人也不例外。维生素E、维生素C、维生素A，以及胡萝卜素具有较强的抗氧化作用，老年人对这些营养素的需求量增加。老年人由于皮肤合成维生素D的功能下降，对食物中维生素D的需要量增加，而天然食物中维生素D含量较少，可从维生素D强化食物中获得。

5. 膳食纤维应摄入适量

膳食纤维本身不被人体所吸收，摄入适量纤维素可增加大便体积，促进排便，减少体内有毒代谢产物的堆积。另外膳食纤维可延缓的食物吸收，降低餐后血糖峰值，对老年人尤为重要。

提示

老年人蛋白质摄入量不低于成人，建议每日蛋白质需要量为1.2克/千克体重；增加钙、磷元素和铁元素；增加锌、硒和维生素的摄入；适量摄入膳食纤维。

二

老年人膳食指南

（中国营养学会2007年版）

老年人膳食原则为：

❶ 食物多样，谷类为主，粗细搭配。

❷ 多吃蔬菜、水果和薯类。

❸ 每天吃奶类、大豆或其制品。

❹ 常吃适量的鱼、禽、蛋、瘦肉。

❺ 减少烹调用油，吃清淡少盐膳食。

❻ 食不过量，天天运动，保持健康体重。

❼ 三餐分配要合理，零食要适当。

❽ 每天足量饮水，合理选择饮料。

❾ 如饮酒应限量。

❿ 吃新鲜卫生的食物。

⓫ 食物要粗细搭配、松软、易于消化吸收。

⓬ 合理安排饮食，做到成功衰老。

⓭ 重视预防营养不良和贫血。

⓮ 多做户外活动，维持健康体重。

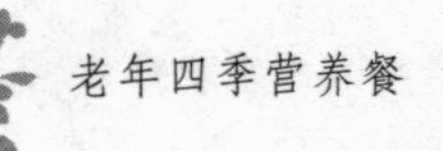

三

老年人膳食宝塔解读

中国居民老年人平衡膳食宝塔（2010）

中国营养学会（老年营养分会）

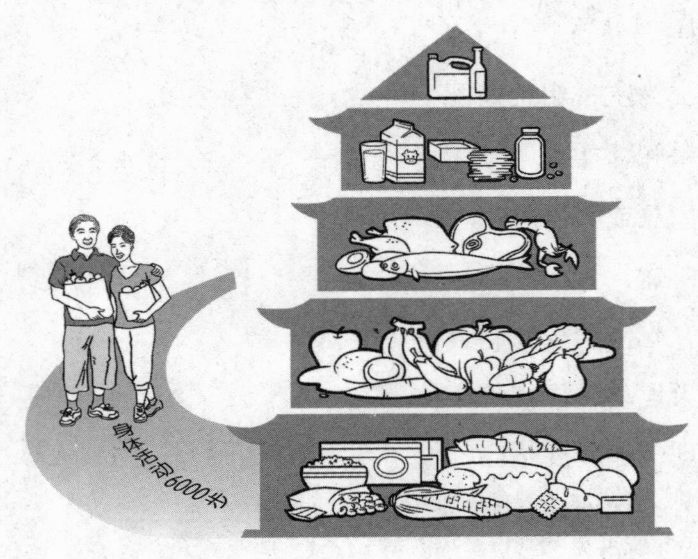

油20~25克
盐5克

奶类及奶制品300克
大豆类及坚果30~50克

畜肉类50克
鱼虾，禽类50~100克
蛋类25~50克

蔬菜类400~500克
水果类200~400克

谷类羹类及杂草200~350克
（其中粗粮：细粮：羹类＝1：2：1）
水1200毫升

1. 老年人每天食物总量

一般应包括：

谷类、薯类200～350克；

瘦肉、禽肉、鱼50～100克；

蛋类25～50克；

牛奶300毫升；

大豆及豆制品、新鲜水果适量；

新鲜绿色蔬菜400～500克；

烹调用油约25克；

水8杯（约1200毫升）。

老年人在调配饮食、安排食谱方面，除饮食有节制、防止肥胖外，还要注意饮食多样化，不要禁忌过多。以下关于食物搭配指导供老年朋友参考。

2. 食物搭配

❶食物多样化，搭配合理，以获得较为全面的营养。

主食做到粗细搭配，可因地制宜地选食小米、玉米、燕麦、甘薯等粗杂粮。粗杂粮含有较多的B族维生素、矿物质及膳食纤维，有助于维持老年人良好的食欲和消化液的正常分泌，膳食纤维可刺激肠道使其蠕动增加，防止便秘。

❷食物宜清淡、易消化。

为适应老年人消化功能逐渐减弱的特点，食物应清淡少油腻、少盐。烹调方式宜多采用蒸、煮、炖、煲，少用油煎炸、熏、烤。食物尽量切细、切碎，并应注意色、香、味俱全。

❸膳食安排以少食多餐为宜。

可按中国传统习惯在一天三餐之外安排一两次点心。

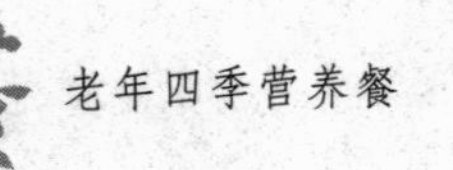

四

健康老年人营养要求

中国老年人的饮食，应以中国居民膳食营养素参考摄入量为参考标准，努力获取相应的营养素，使其摄入量满足此要求。

老年人膳食营养素参考摄入量（RNIs/AIs）

年龄	60岁～				70岁～				80岁～	
体力活动水平	轻		中		轻		中			
性别	男	女	男	女	男	女	男	女	男	女
能量/千焦	7.94	7.53	9.20	8.36	7.94	7.10	8.80	8.00	7.94	7.10
蛋白质/克	75	65	75	65	75	65	75	65	75	65
钙/毫克	1000	1000	1000	1000	1000	1000	1000	1000	1000	1000
磷/毫克	700	700	700	700	700	700	700	700	700	700
钾/毫克	2000	2000	2000	2000	2000	2000	2000	2000	2000	2000
钠/毫克	2200	2200	2200	2200	2200	2200	2200	2200	2200	2200
镁/毫克	350	350	350	350	350	350	350	350	350	350
铁/毫克	15	15	15	15	15	15	15	15	15	15
碘/微克	150	150	150	150	150	150	150	150	150	150
锌/毫克	11.5	11.5	11.5	11.5	11.5	11.5	11.5	11.5	11.5	11.5
硒/微克	50	50	50	50	50	50	50	50	50	50
铜/毫克	2.0	2.0	2.0	2.0	2.0	2.0	2.0	2.0	2.0	2.0
氟/毫克	1.5	1.5	1.5	1.5	1.5	1.5	1.5	1.5	1.5	1.5
铬/微克	50	50	50	50	50	50	50	50	50	50
锰/毫克	3.5	3.5	3.5	3.5	3.5	3.5	3.5	3.5	3.5	3.5
钼/微克	60	60	60	60	60	60	60	60	60	60

年龄	60岁～				70岁～				80岁～	
体力活动水平	轻		中		轻		中			
性别	男	女	男	女	男	女	男	女	男	女
维生素A/微克	800	700	800	700	800	700	800	700	800	700
维生素D/微克	10	10	10	10	10	10	10	10	10	10
维生素E/毫克	14	14	14	14	14	14	14	14	14	14
维生素B_1/毫克	1.3	1.3	1.3	1.3	1.3	1.3	1.3	1.3	1.3	1.3
维生素B_2/毫克	1.4	1.4	1.4	1.4	1.4	1.4	1.4	1.4	1.4	1.4
维生素B_6毫克	1.5	1.5	1.5	1.5	1.5	1.5	1.5	1.5	1.5	1.5
维生素B_{12}/微克	2.4	2.4	2.4	2.4	2.4	2.4	2.4	2.4	2.4	2.4
维生素C/毫克	100	100	100	100	100	100	100	100	100	100
泛酸/毫克	5.0	5.0	5.0	5.0	5.0	5.0	5.0	5.0	5.0	5.0
叶酸/微克	400	400	400	400	400	400	400	400	400	400
烟酸/毫克	13	13	13	13	13	13	13	13	13	13
胆碱/毫克	500	500	500	500	500	500	500	500	500	500
生物素/微克	30	30	30	30	30	30	30	30	30	30

五

食物互换原则

人们吃多种多样的食物不仅是为了获得均衡的营养，也是为了使饮食更加丰富多彩，以满足人们的口味享受。假如人们每天都吃同样的50克肉、40克豆，难免久食生厌，那么合理营养也就无从谈起了。

每一类食物中都有许多的品种，虽然每种食物都与另一种不完全相同，但同一类中各种食物所含营养成分往往大体上近似，在膳食中可以互相替换。

对不同的食物考虑的首要营养素是有所区别的，谷类食物首要考虑的是提供的能量基本一致；而奶类、豆类及肉类食物则首要考虑的是提供的蛋白质基本一致。同类食物互换就是以粮换粮、以豆换豆、以肉换肉。

提示

大米可与面粉或杂粮互换，馒头可以和相应量的面条、烙饼、面包等互换；大豆可与相当量的豆制品或杂豆类互换；瘦猪肉可与等量的鸡、鸭、牛、羊、兔肉互换；鱼可与虾、蟹等水产品互换；牛奶可与羊奶、酸奶、奶粉或奶酪等互换。

掌握了同类互换的原则后，糖尿病人也可以吃水果了，如150克的柿子、200克的梨、桃、苹果、橘子、橙子等都相当于1份377千焦

（90千卡）能量，即其中所含的糖和热量是一样的，可以随便换着吃。如果想吃得分量多一些，可选择含糖较少、体积较大的水果，如：500克重的西瓜与200重的葡萄所含的糖和热量是一样的，后表所列的食品均可交换吃。所以糖尿病人什么水果都可以吃，只是必须注意每次所吃的分量，并将其放入总热量内计算就可以，而且最好在两餐之间吃。

下面5个表格中分别列举了几类常见食物的互换表及所提供的能量及蛋白质，以便计算时参考。

1. 谷类食物互换表（相当于100克米、面的谷类食物）

食物名称	重量/克	能量/千焦（千卡）	蛋白质/克	碳水化合/克	脂肪/克
大米、糯米、小米	100	1447（346）	7.4	77.2	0.8
富强粉、标准粉	100	1447（344）	10.1	74.4	0.7
玉米面、玉米糁	100	1422（340）	8.0	66.9	4.5
挂面	100	1447（344）	10.1	74.4	0.7
面条（切面）	120	1430（342）	8.5	58.0	1.6
面包	120～140	1564～1828（374～437）	8.3	58.1	5.1
烙饼	150	1602（383）	7.5	51.0	2.3
馒头、花卷	160	1560（373）	7.8	48.3	1.0
鲜玉米2（市品）	750～800	1460～1560（349～373）	13.8～14.7	68.6～73.2	4.1～4.4

2. 豆类食物互换表（相当于40克大豆的豆类食物）

食物名称	重量/克	能量/千焦（千卡）	蛋白质/克	碳水化合物/克	脂肪/克
大豆（黄豆）	40	602（144）	14.04	7.44	6.4
腐竹	35	673（161）	15.61	10.675	7.59
豆粉	40	698（167）	13.12	12.2	7.32
青豆、黑豆	40	635（152）	13.84	9.08	6.4
膨胀豆粕（大豆蛋白）	40	535（128）	14.68	16.8	0.28
蚕豆（炸、烤）	50	635（152）	12.3	24.5	0.55
豌豆、绿豆、芸豆	65	865（207）	14.04	36.14	0.52
豇豆、红小豆	70	1212（290）	13.51	40.95	0.84
豆腐干、熏干、豆腐泡	80	510（122）	12.64	6.8	4.96
素什锦	100	723（173）	14.0	6.3	10.2
北豆腐	120~160	489~656（117~157）	14.6~19.5	1.8~2.4	5.8~7.7
南豆腐	200~240	477~573 114~137	12.4~14.8	4.8~5.8	5~6
内酯豆腐（盒装）	280	537（137）	14	8.12	5.3
豆奶、酸豆奶	600~640	752~803（180~192）	14.4~15.4	10.8-11.5	9-9.6
豆浆	640~800	347~435（83~104）	11.5~14.4	0	4.5~5.6

3. 乳类食物互换表（相当于100克鲜牛奶的乳类食物）

食物名称	重量/克	能量/千焦（千卡）	蛋白质/克	碳水化合物/克	脂肪/克
鲜牛奶	100	226（54）	3.0	3.4	3.2
速溶全脂奶粉	13~15	259~297（62~71）	2.6~3.0	7.0~8.1	2.5~2.8
速溶脱脂奶粉	13~15	251~288（60~69）	2.6~3.0	6.7~7.8	0.05~0.06
炼乳（罐头、甜）	40	566（133）	3.2	22.2	3.5
酸奶	100	301（72）	2.5	9.3	2.7
奶酪	12	163（39）	3.1	0.42	2.8
奶片	25	493（118）	3.5	14.8	5.1

提示

如果计算膳食中其他各种食物的营养素摄入量，可参考中国预防医学科学院营养与食品卫生研究所编著的《食物成分表》，该书包括了28大类，1358种食物的26种营养素含量，456种食品的氨基酸含量，356种食品的脂肪酸含量和400种食品的胆固醇含量。

4. 肉类食物互换表（相当于100克生肉的肉类食物）

食物名称	重量/克	能量/千焦（千卡）	蛋白质/克	碳水化合物/克	脂肪/克
瘦猪肉	100	598（143）	20.3	1.5	6.2
猪肉松	50	828（198）	23.4	24.9	5.8
叉烧肉	80	974（233）	19.0	6.3	13.5
香肠	85	1802（431）	20.5	9.5	34.6
大腊肠	160	1785（427）	20.6	13.8	32.2
蛋青肠	160	1856（444）	20.0	9.3	36.5
大肉肠	170	1990（476）	20.4	7.8	38.9
小红肠	170	2220（531）	20.1	10.2	39.4
小泥肠	180	1104（264）	20.3	5.8	47.3
猪排骨	160~170	443（106）	19.2~20.4	0.8~0.9	26.6~28.3
酱牛肉	65	665（159）	20.4	2.1	7.7
牛肉干	45	1032（247）	20.5	0.85	18
瘦羊肉	100	907（217）	20.5	0.2	3.9
酱羊肉	80	907（217）	20.3	9.44	10.9
兔肉	100	426（102）	19.7	0.9	2.2
鸡肉	100	1626（389）	19.4	2.5	5.0
鸡翅	160	1296（310）	20.1	7.4	18.9
白条鸡	150	1045（250）	19.7	2.0	14.1
酱鸭	100	394（266）	18.9	6.3	18.4
盐水鸭	110	1434（343）	18.3	3.1	28.7

5. 蔬果类食物交换表［每份均可提供约376千焦（90千卡）的能量］

食物名称	重量/克	能量/千焦（千卡）	蛋白质/克	碳水化合物/克	脂肪/克
大白菜、圆白菜	500	404（96.6）	8.5	16	1
冬笋，洋葱	250	367（87.8）	2.8	50	0.5
鲜豌豆、山药	200	388（92.9）	3.8	23.2	0.4
荸荠、毛豆	50	385（92）	6.5	3.2	2.5
梨、桃、橘子	200	345（82.6）	1.8	21.8	0.4
草莓	300	365（87.3）	3.0	18	1.8
西瓜	300	376（90）	2.4	24	0

第三章 老年人合理饮食安排

人们的饮食习惯与人体生理状况、气候、地理环境、传统习惯和宗教信仰有密切的关系。一年四季有春温、夏热、秋凉、冬寒之别，饮食安排也自然有所区别。在日常生活中，根据老年人的生理变化、代谢特点及对营养的特殊要求，结合季节变化特点，我们应按一年四季食物供应情况及机体代谢的季节变化，因时、因地制宜地安排食谱。

通常情况下，一日三餐分配早、中、晚餐的能量分别占总能量的30%、40%、30%为宜。老年可用三餐两点，两餐之间增加一个茶点，更有利于减少胃肠道负担，降低餐后血糖。

一

老年人日常饮食安排

原则上讲，老年人摄入的食物品种和量应包括：

1. 谷物

谷类食物每天200～350克，可加工成各种花色品种。适当增加各种粗、杂粮，使主食丰富多彩。

2. 鲜蔬

新鲜蔬菜每天400～500克，尽量选橘黄、深绿色蔬菜，多吃小白菜、油菜、菠菜、小萝卜、西蓝花、芥菜、芥蓝、苦瓜等蔬菜。

3. 肉禽

各种肉、禽类食物每天50～100克，应以鸡脯、瘦猪肉、牛肉、兔肉等脂肪含量较低的肉类为主。

4. 鱼

鱼类，海鱼和淡水鱼均可，每周应安排3～4次，每次50～100克。烹调方法以清蒸、煮汤、软烧为主，尽量少用油炸。

5. 豆类及制品

豆及豆制品每周食用5～7次，每次30～50克。鲜豆浆应煮开3～5分钟，使其中的有害物质失去活性，避免发生食物中毒。

6. 奶

每天应摄入鲜奶300克或奶粉35克。很多人喝奶后出现腹胀、腹泻、恶心甚至呕吐的不良反应，这是由于体内缺乏乳糖酶引起的乳糖不耐受。这些人可选用酸奶或专为乳糖不耐受者生产的配方奶。

二

一周模拟食单

为了便于老年朋友们掌握自己的饮食，懂得如何安排食谱，我们为大家模拟安排了一周的食谱，分量为1人供应量，大家可以举一反三为自己安排合理饮食：

❶ 食谱一

早餐：牛奶1袋，馒头50克，鸡蛋1个，凉拌菜150克。

午餐：大米饭1碗，清蒸武昌鱼150克，素炒芹菜150克。

茶点：绿茶1杯，消化饼50克，草莓200克。

晚餐：烙饼100克，豆腐白菜汤150克，肉片黄瓜150克。

宵夜：牛奶1袋

❷ 食谱二

早餐：牛奶1袋，豆包50克，鸡蛋1个，凉拌黄瓜1小盘。

午餐：大米饭1碗，素鸡50克，肉炒芹菜150克，冬瓜汤200克。

茶点：绿茶1杯，饼干50克，苹果1个。

晚餐：面条100克，炸酱1勺，黄瓜150克，炒油麦菜150克。

宵夜：牛奶1袋，梨1个。

❸ 食谱三

早餐：牛奶1袋，羊肉馅包子50克，凉拌圆白菜1小盘。

午餐：米饭1碗，辣豆腐150克，香菇油菜100克。

茶点：绿茶1杯，柑橘1个。

晚餐：肉笼100克，蒸南瓜200克，番茄鸡蛋汤1碗，鸡脯、香菇和油菜各50克。

宵夜：梨1个，酸奶1盒。

❹ 食谱四

早餐：牛奶1袋，火烧50克，鸡蛋1个，凉拌芹菜1小盘。

午餐：包子100克，砂锅鱼头汤200克，青椒肉丝150克。

茶点：绿茶1杯，香蕉1个。

晚餐：面条100克，炸酱1勺，黄瓜150克，炒油麦菜150克。

宵夜：苹果一个，牛奶1袋。

❺ 食谱五

早餐：牛奶1袋，面包50克，鸡蛋1个，拌菠菜1小盘。

午餐：大米饭1碗，豆丝炒芹菜150克，冬瓜汤200克。

茶点：绿茶1杯，草莓200克。

晚餐：大米饭1碗，麻婆豆腐150克，炒圆白菜150克。

宵夜：牛奶1袋，饼干5片。

❻ 食谱六

早餐：牛奶1袋，馒头50克，鸡蛋1个，凉拌花生芹菜1小盘。

午餐：胡萝卜肉馅饺子100克，黄瓜150克，豆制品50克。

茶点：绿茶1杯，葡萄100克。

晚餐：米饭100克，白鲢鱼150克，炒茼蒿150克。

宵夜：苹果1个，牛奶1袋。

❼ 食谱七

早餐：牛奶1袋，蛋糕50克。

午餐：大米饭1碗，鲜蘑鸡腿150克，百合炒芹菜150克，菠菜汤1小碗。

茶点：绿茶1杯，饼干50克，苹果1个。

晚餐：打卤面100克，黄瓜150克。

宵夜：牛奶1袋，苹果1个。

上述食谱平均每天提供的主要营养素：能量7531千焦（1800千卡），碳水化合物260克，蛋白质75克，脂肪45克，维生素B_1 1.2毫克，维生素B_2 1.5毫克，维生素C150毫克，钙950毫克，铁24毫克，锌13毫克，硒48毫克，能较好满足了老年人的营养需求。

在菜的选择上，早餐可选一凉菜，正餐每餐可按上述范例选择一荤一素，加上适量的主食、水果即可。

提示

可参考第二章“食物互换”原则，将类食物互换表中所列食物进行互换，以达到饮食品种多样、符合自己口味的目的。

第四章 老年人春季营养餐

一

春季特点

春季是万物生长的季节，机体经过冬天的休眠，新陈代谢加快。由于春季气温变化较大，人体肌肤对气温的变化较敏感，容易受凉。同时，由于气温非常适宜各种细菌、病毒的繁殖，各类传染性疾病，特别是病毒引起的呼吸道传染病、肠道传染病发病率增加。因此，合理膳食，增加机体免疫力，保持身体健康十分重要。

二

春季食物的选择

春季除了有春韭、蒜苗、香椿、春笋、芹菜、油菜、小萝卜、菠菜、圆白菜等新鲜蔬菜，又有荠菜、枸杞叶、蒲公英、小根蒜、槐花、榆钱、灰灰菜、清明菜等时令野菜，老人们不妨经常出去踏踏青，顺手采回一些野菜换换口味。这既活动了筋骨、亲近了大自然，又调节了自己的饮食。

春季经常食用一些杂粮等制成的粥十分有益，如燕麦粥、薏米粥、荞麦粥、小豆粥、莲子粥、百合粥、大枣粥、皮蛋瘦肉粥和八宝粥，对健康十分有利。我们选择了一些适合老人春季使用的菜谱。

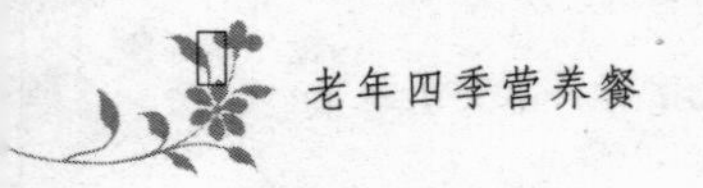

三

春季推荐食谱

一 推荐荤菜

1 清蒸武昌鱼

原料｜武昌鱼1条（约600克），葱、姜、料酒、盐（1克）、香菜、蒸鱼豉油（约20ml）各适量。

制作｜❶武昌鱼刮鳞、去内脏，洗净控水，在鱼的表面切交叉花刀。❷将葱姜切丝放在鱼肚里，加盐，鱼身洒料酒浸泡10分钟。❸将鱼放在盘中，倒入适量蒸鱼豉油。❹蒸锅中加水烧开，将鱼放入，隔水蒸制10分钟，取出鱼加香菜点缀。

2 清蒸鲤鱼

原料｜鲤鱼1条（约700克），蒸鱼豉油2汤匙（约30ml）、水发香菇2个、冬笋50克、盐1克、料酒、小葱、姜各适量。

制作｜❶鲤鱼去鳞去除内脏洗净后，用刀倾斜45度，在鱼身上切几刀深刀口。❷在鱼身正反面撒上盐和料酒，用手抹开，腌制10分钟。❸香菇切片，冬笋洗净切薄片，葱切段，姜切片和丝。❹将葱段铺在盘子里，放上鱼，在鱼身的切口内，放上一半儿切好香菇片、笋片、姜片，另一半填在鱼肚子里。淋上蒸鱼豉油，葱段和姜丝撒在鱼身的表面，淋上蒸鱼豉油。❺蒸锅里加水，放入鱼，打开火大火蒸制，水开后蒸8分钟即可。

3 陈皮牛肉

原料｜牛腿肉500克、陈皮丁半匙，香油、辣油、酱油各2小匙，糖3小匙、甜酒酿2匙半，盐、干辣椒丁、姜片、蒜片、葱段、花椒、胡椒粉各少量。

制作｜❶把牛腿肉批去筋膜，切成0.6厘米厚的片，放入七成热的油锅里炸干水分捞出。❷将锅烧热，加少量油，放干辣椒丁，煸至呈深咖啡色，再加陈皮，花椒，葱姜蒜，煸出香味，再放牛肉，甜酒酿、酱油、盐、糖和少量水烧沸。❸转用小火焖约15分钟，再转用大火烧滚卤汁，边烧边翻炒，直至卤汁稠浓，紧包牛肉，淋上香油，辣油，反复翻炒，使牛肉光亮，香味浓郁即成。

4 芙蓉鲫鱼

原料｜鲜鲫鱼2尾（约750克），鸡蛋清5个，葱、熟瘦火腿、姜、料酒、鸡清汤、盐、鸡油、胡椒粉、味精各适量。

制作｜❶鲫鱼去鳞、鳃、内脏，洗净，斜切下鲫鱼的头和尾，同鱼身一起装入盘中，加料酒和拍破的葱姜，上笼蒸10分钟取出，蒸鱼原汤不动，用小刀剔下鱼肉。❷将蛋清打散后，放入鱼肉、鸡汤、蒸鱼原汤，加入盐、味精、胡椒粉搅匀，将一半装入汤碗，上笼蒸至半熟取出，另一半倒在上面，上笼蒸熟，即为芙蓉鲫鱼。火腿、葱切末，撒在芙蓉鲫鱼上，淋入鸡油即成。

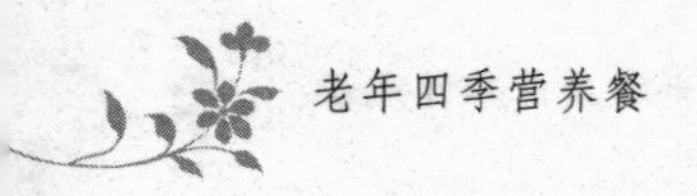

5 鱼香牛肉丝

原料 | 牛肉丝300克、笋丝100克、泡辣椒、鸡蛋（1个）、香醋、菱粉、糖、辣油、酱油、葱花、料酒、姜末、盐、蒜泥、花椒粉、淀粉、味精各适量。

制作 | ❶将牛肉丝放入用鸡蛋白、干菱粉、盐调的卤内拌均匀，下锅炒一下取出。❷将准备好的鱼香味，即姜末、蒜泥、糖、料酒、醋、辣油、菱粉、葱花、酱油、味精调成味汁。❸另将笋丝、泡辣椒丝入植物油锅炒一下，再将牛肉丝加入，用旺火炒十几秒钟（必须将牛肉丝炒散）。❹倒入调味汁，炒至汁稠即可。

6 清炖萝卜牛肉

原料 | 牛肉500克，萝卜500克，料酒、盐、葱、姜各适量。

制作 | ❶将牛肉洗净，萝卜切块待用。❷将油锅烧热，倒入牛肉煸炒，烹入料酒，炒出香味，盛起待用。❸砂锅中加适量热水，放入葱、姜、料酒烧沸，加入牛肉煮20分钟，转为小火炖至牛肉熟烂，加盐调味，放入萝卜炖至入味，即可出锅。

7 锦绣火鸭丝

原料 | 烤鸭丝150克，冬笋丝100克，香菇丝40克，味精、老抽、盐、姜丝、葱段、胡椒粉、香油、米酒、水淀粉各适量，高汤3杯。

制作 | ❶炒锅内放0.5汤匙油烧四成热，放入鸭丝、冬笋丝炒几下后烹入米酒，放入香菇丝、姜丝和高汤。❷烧开锅后加盐、味精、胡椒粉、一点老抽。❸烧开锅后用水淀粉勾芡，淋入香油拌匀。

8 芙蓉鸡片

原料｜鸡脯肉110克、火腿片100克、水发冬菇6朵、芥蓝2棵、笋片50克、蛋白4个，盐、牛奶、淀粉、味精、葱姜末各适量。

制作｜❶将鸡脯肉剁烂，加盐，牛奶拌匀成鸡茸。❷将蛋白打散，至泡沫状，加鸡茸、干淀粉拌匀。❸将沙拉油入锅烧至七成热，用小勺舀起鸡茸逐一滑入油中，凝固即捞起。❹香菇去蒂；芥蓝菜洗净切成长段；将笋片火腿片，冬菇，芥蓝菜用开水烫一下。❺将油入砂锅，放葱姜爆香，加入高汤后，即捞出葱姜；放入油炒熟的鸡片、笋片、火腿片、冬菇、芥蓝、加盐、味精烧至原料熟，用水淀粉勾芡食即可。

9 牛肉芹菜丝

原料｜牛肉200克，芹菜150克，酱油、胡椒粉、水淀粉、料酒、葱、姜片、糖、味精各适量 。

制作｜❶将芹菜切成薄片。牛肉横切成2厘米长的薄片，放入碗内，加小苏打、酱油胡椒粉、水淀粉，料酒、姜末和清水，浸10分钟后，加入一点油，再腌1小时。❷炒锅上火，花生油烧至六成热，放入牛肉片翻炒，待牛肉色白时，放入葱姜片、糖、酱油、味精、清水少许。❸烧沸后，放入牛肉片、芹菜片，炒均匀，用水淀粉勾芡即可。

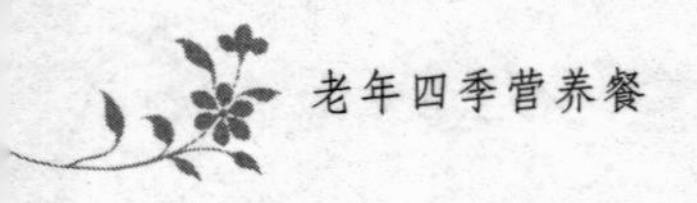

10 芦笋牛肉

原料｜牛肉200克、芦笋150克、料酒、酱油各20克、糖、小苏打、胡椒粉、水淀粉、淀粉葱姜片、姜末味精各适量。

制作｜❶芦笋切菱形片。牛肉去筋络，切成薄片，放入碗内加小苏打、酱油、胡椒粉、淀粉、料酒、姜末和清水抓匀，腌10分钟，加入点花生油，再腌1小时。❷炒锅内放油，烧至六成热，放入牛肉片，拌炒至变色。❸放入葱姜片、糖、酱油、味精和少许清水，烧至牛肉熟，用水淀粉勾芡，放入芦笋片，稍变色即起锅装盘。

11 炒木樨肉

原料｜猪五花肉150克，鸡蛋150克，水发木耳50克，水发黄花50克，菠菜100克，葱姜油、酱油、盐各适量。

制作｜❶将猪肉切成片，木耳、黄花择洗净，去根在开水中烫一下捞出。鸡蛋打入碗中打散。❷炒锅放入葱姜油烧至六成热，把鸡蛋倒入炒熟取出。❸原锅放油，烧至六成热倒入肉片炒至六成熟放入酱油煸炒至肉熟，然后加入炒好的鸡蛋、黄花、菠菜、木耳，翻炒至菠菜熟。

12 鲜虾蓝花

原料｜中虾250克，西蓝花200克，蒜 1 瓣，调味汁（盐1/4茶匙，柠檬汁 1 汤匙，香油1/2汤匙，糖1/2茶匙，胡椒粉少许调匀）。

制作｜❶虾去壳挑肠洗净，用少许盐略揉匀，再用清水冲净，控干水分。❷西蓝花掰成小朵，洗净，滤干水分。蒜剁成蒜茸。❸用加了盐、油的沸水将西蓝花灼熟，捞起盛碟，虾同样灼熟，控水后放在西蓝花上。❹蒜茸放入调味汁中拌匀，淋在菜上，拌匀即可。

13 鲜虾扒豆苗

原料｜豆苗400克，抓好的虾仁25克，料酒、水淀粉、盐、味精、胡椒粉、香油各适量。

制作｜❶将豆苗放在沸水锅中烫一下，水中加入一些油、盐，变色后倒在漏勺里，沥干水分。❷炒锅内放油烧三成热，将豆苗放回锅里炒匀。❸炒锅内放油烧至三热，将虾仁放入，炒至刚熟，烹入料酒，注入少量清水，用盐、味精调味，撒上胡椒粉，用水淀粉打芡，沸腾后加入香油，将虾仁和汤汁盛放在豆苗上。

14 豇豆烧肉

原料｜豇豆300克，五花肉200克，甜面酱1汤匙，料酒、糖、盐、鸡粉适量，葱段、姜片、蒜瓣各适量。

制作｜❶将猪肉洗净切成适当大小的块，放入开水锅中煮5分钟，用清水冲净，待用；豇豆洗净切成段；蒜瓣洗净。❷炒锅上火，放油烧至五成热，放入蒜瓣炸至金黄色，捞出待用；再放入肉块煸炒出油，烹入料酒，加葱、姜、甜面酱炒匀。❸倒入刚没过肉的开水，加鸡粉、盐，用旺火烧沸，改用小火焖至八成熟，再放入豇豆、蒜瓣、糖烧至肉烂豆熟，用旺火收汁，起锅装盘即可。

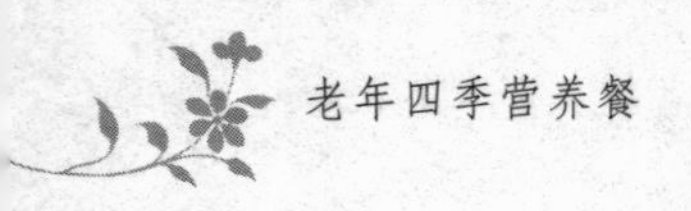

15 红枣烧肉

原料｜五花猪肉300克，红枣100克，葱姜片、葡萄酒、酱油、盐各适量。

制作｜❶五花猪肉300克洗净，切方块。❷炒锅烧热，放少许花生油，下葱姜片，煸炒五花猪肉，肉变色后放入葡萄酒稍焖，放酱油、适量鸡汤烧开，小火煨五成熟后，放入洗净红枣，待肉熟透放盐调味、入盘。

16 荠菜炒鸡片

原料｜荠菜150克，鸡脯肉250克，罐头竹笋100克，鸡蛋清1个，盐、糖、味精、淀粉、鸡汤、葱花、芝麻（焙好）各适量 。

制作｜❶荠菜剪去根，摘去老叶，洗净，下入开水锅中焯一下捞出，再放入冷水中投凉，挤去水分，切成细末待用；罐头竹笋切成薄片，待用。❷将鸡脯肉洗净，用刀片成薄片，放入碗内，加盐、味精、蛋清、淀粉，搅拌均匀上浆。❸炒锅烧热，加入豆油，烧至三成热，放入浆好的鸡片，用筷子划散变白断生，放入葱花、竹笋片、荠菜末，稍煸一下，烹入鸡汤、盐、糖、味精烧开后，放入水淀粉勾薄芡，撒匀芝麻，即可。

17 滑蛋牛肉

原料｜腌制牛肉片（牛肉片300克，用生抽、淀粉、小苏打、清水少量花生油抓匀），鸡蛋液200克（4个鸡蛋），葱末、盐、味精、胡椒粉、香油、熟花生油各适量。

制作｜❶将鸡蛋液搅拌匀后加入味精、盐、胡椒粉、葱和花生油，调成蛋浆。❷炒锅内放花生油烧至四成热，下牛肉片炒至熟，倒入蛋浆拌匀。❸小火，边炒，边加油半汤匙，炒至熟。最后淋香油和熟花生油炒匀，装盘即成。

18 牛肉丁豆腐

原料｜豆腐250克，牛肉100克，鸡蛋清1个，料酒、糖、酱油、盐、大酱、葱、味精、姜、淀粉各适量 。

制作｜❶将豆腐冲净，切成2厘米见方的丁；牛肉洗净，去筋膜，切成5毫米见方的丁，放入盆内，加蛋清、盐、味精和淀粉，抓匀；葱洗净，切成2厘米长的段；姜切碎末，待用。❷炒勺炒热，放油，烧五成热时，放入牛肉丁，稍煸后放入葱段、姜末、大酱，煸炒几下，再放入豆腐丁、牛肉丁，炒匀后，放少量水，稍烧一会儿，即可。

19 粉丝煨牛肉丝

原料｜牛肋条肉250克，葱末，粉丝200克，香油、辣椒粉、葱末、鸡蛋（1个）、盐、黑胡椒粉、糖10克。

制作｜❶牛肋条肉洗净，整块牛肉同盐和胡椒粉一起放进煮锅里，加清水至水把牛肉淹没，盖上盖，用文火煨，直到牛肉熟烂为止，捞出牛肉冷却后，用手把牛肉顺丝撕成长丝。❷把粉丝放在热水里浸泡10分钟，捞出，沥干；鸡蛋打匀。❸锅里放入牛肉丝，加进葱末、糖，煨约10分钟，之后把粉丝放在牛肉锅里，稍煨，再放入香油、辣椒粉和盐、黑胡椒粉，待红色的油滚到上面时，把抽打好的鸡蛋液慢慢倒进锅里，搅拌均匀、炒熟。

20 熘肝尖

原料｜鲜猪肝150克、胡萝卜100克、洋葱50克，葱末、蒜末、盐、味精、水淀粉、酱油、糖、料酒、香油各适量。

制作｜❶将猪肝洗净，切成柳叶形薄片，加盐、味精、料酒、水淀粉等拌匀上浆；胡萝卜、洋葱均切成菱形片；酱油、盐、料酒、糖、味精、水淀粉等共纳一碗，对成芡汁备用。❷炒锅上火，放色拉油烧至四成热，下入浆好的肝片，划散至熟。❸放入葱末、姜末、蒜末炝锅，再放入胡萝卜、洋葱大火快炒一下，烹入对好的芡汁，翻炒均匀后淋入少许香油即成。

21 芥蓝牛肉

原料｜瘦牛肉200克，芥蓝200克，味精、料酒、葱花、椒盐、香油各适量。

制作｜❶将瘦牛肉切成大片，拍松肉质，加入少许料酒、葱花、味精和盐，拌和后；洗净的芥蓝切段。❷将锅烧热放油，烧至五成热，将肉片放入，炒至熟。❸下葱花，煸出香味，放入芥蓝，烹料酒、香油，翻炒至芥蓝断生，出锅即可。

22 黄瓜炒牛肉

原料｜牛腱子肉250克，黄瓜200克、香油、酱油、盐、糖、辣椒粉各适量。

制作｜❶先把牛肉洗净，剔净筋膜，放入冰箱冷冻一下，切纸一样薄的片，再切成约5厘米长，1.2厘米宽的小片，切均匀整齐。❷把切好的牛肉片放在瓷盆里，加上香油、酱油、盐、糖和辣椒粉，用手抓

匀，使味渗进牛肉中。❷黄瓜洗净，去蒂去皮，再纵切成两半，去籽后切成细条。❸炒锅烧热倒入油，热后滑匀锅，倒进牛肉片，旺火快炒一分钟，倒入黄瓜条，再炒到黄瓜半熟，又嫩又脆，出锅即可。

23 肉丝拌芹菜

原料｜芹菜350克、猪瘦肉150克，生抽、香油、味精、料酒、水淀粉、盐各适量。

制作｜❶将芹菜去掉叶、根、洗净，纵剖开切成“帘子棍”粗细的丝，用开水烫一下捞出，用凉水过凉，控净水分；瘦肉切成6厘米长的丝，用盐、料酒、水淀粉抓匀，下入开水氽熟备用。❷将芹菜、肉丝同放一盘内，加入香油、生抽、味精、盐拌匀即成。

24 山楂肉干

原料｜山楂30克，瘦猪肉300克，姜、葱、花椒、料酒、糖、味精各适量。

制作｜❶将猪肉洗净；山楂去杂核；姜切片，葱切段。❷一半山楂放入锅内，加水（煮肉用）烧沸后，放入猪肉，熬至六成熟捞出，晾凉后，切成约长6厘米、宽1.5厘米的条，用油、姜、葱、料酒、盐、花椒等调料拌匀，腌1小时，控水。❸将炒锅上火，放半锅油，油七成热，投入肉条，炸至微黄时用漏勺捞起。❹将油倒出留底油，投入另一半山楂，略炸后，再将肉干倒入锅中，反复翻炒至熟，装盘时淋上香油，撒上味精、糖拌匀即可。

25 杏仁炒猪肉丁

原料 | 猪里脊肉400克，杏仁50克，葱段、水淀粉、酱油、盐、鲜红辣椒、鸡蛋、米醋、芝麻（焙好）各适量。

制作 | ❶猪里脊肉去筋，洗净，切成1厘米厚的大片，两面剞十字花刀，再切成1厘米方的丁，加入15克水淀粉、1克盐、鸡蛋液搅拌均匀，鲜红辣椒去把、籽，切成1厘米见方的丁。❷炒锅烧热放入油，五成热时，放入杏仁，炸黄捞出、控油，晾凉去皮。❸原炒锅留底油加热，待三成热时，放入猪肉丁，滑油至七成熟时，放入红辣椒片，加少许盐，炒出香味。❹放入去皮的杏仁，炒匀而不煳，放入15克酱油，少许盐、米醋、葱段炒匀，出锅，撒匀焙好的熟芝麻，即可。

二 推荐素菜

1 韭菜炒绿豆芽

原料 | 绿豆芽400克，韭菜100克，植物油、盐、葱姜各少许。

制作 | ❶将豆芽掐去两头，洗干净，捞出控净水分；将韭菜择好洗净，切成3厘米长的段；葱、姜切成丝。❷将锅放在旺火上，放入油，热后用葱、姜丝炝锅，随即倒入豆芽，翻炒几下，豆芽稍软再倒入韭菜，放入盐翻炒匀即成。

2 熘豆芽

原料 | 豆芽300克，干红辣椒丝、葱丝、盐、味精、醋、料酒各适量。

制作 | ❶锅放火上，倒油，烧热后下干红辣椒丝和葱丝爆锅。❷下入豆芽翻炒至稍烂，烹入料酒，下盐、味精、醋，翻炒均匀即成。

3 炒菠菜

原料｜菠菜500克，盐、味精、葱花、花椒各适量。

制作｜❶将菠菜摘去黄叶，削去根毛，洗净，直刀切成寸段，放入沸水中焯烫，挤去水。❷把炒锅置于旺火上，倒入油，放入花椒，见稍有青烟时放入葱花，随即将菠菜倒入翻炒，放味精、盐起锅装盘。

4 韭黄拌干丝

原料｜韭黄200克，香豆腐干100克，盐、糖、味精、香油各适量 。

制作｜❶将韭黄洗净，下开水锅里略烫一下，迅速翻个身，捞起控水，然后切成一寸长的段，放盘中，趁热拌入盐和味精。❷另将香干切成丝，撒在韭黄上，淋入香油，拌匀即成。

5 素炒什锦

原料｜绿豆芽200克，菠菜100克，粉丝50克，鸡蛋3个、盐、葱适量芝麻10克（焙好）。

制作｜❶把鸡蛋的蛋黄和蛋清分别放入两个瓷碗中，抽打至起泡，用少量油烧热，分别摊成薄鸡蛋饼，晾凉后将黄、白蛋饼分别切成5厘米长的细丝。❷菠菜择洗干净，切成5厘米长的段，放入开水锅中焯熟捞出，挤去水；绿豆芽去根，冲洗干净；葱洗净，切成5厘米长的段；粉丝水发，煮透。❸炒锅旺火烧热，放入豆油，烧六成热时，投入葱段煸炒出香味，放入绿豆芽，翻炒至稍软，加入粉丝、菠菜丝、双色鸡蛋丝和盐炒匀，撒入芝麻，入盘即可。

6 鱼香油菜薹

原料｜油菜薹500克，料酒、酱油、醋、糖、泡椒、味精、盐、姜、葱、蒜、水淀粉各适量 。

制作｜❶油菜薹去根去筋洗净，切成 5厘米长的段，姜，葱，蒜切成细末；用一小碗放入酱油，料酒，味精，糖，醋，盐，姜，葱，蒜和水淀粉对成芡汁。❷锅置火上，放油烧至八成热，投入菜薹煸炒数下，控去水分。❸另起锅放入泡椒炒出红油，放入煸炒好的菜薹，烹入芡汁，翻炒即成。

7 香菇炒菜花

原料｜菜花300克，干香菇10个，盐、葱花、味精各适量。

制作｜❶香菇用温水泡开后挤去水分，切成小丁；菜花切成块，用沸水焯一下。❷将油烧热，放入葱花煸炒，再放入菜花、香菇煸炒，加入少量泡香菇的水，炒软菜花，放盐、味精炒匀，盛入盘中即可。

8 韭菜炒鸡蛋

原料｜韭菜250克，鸡蛋2个，盐、味精适量。

制作｜❶将韭菜择洗干净，切成3厘米长的段。❷将鸡蛋打匀。油烧热后倒入蛋液，炒成小块，盛出。❸炒锅再上火，加入植物油烧至七成热，放入韭菜、盐、味精，翻炒几次，倒入鸡蛋，炒匀即可。

9 蒜泥菠菜

原料｜菠菜400克、水发银耳50克，蒜、葱、姜、醋、盐、香油、味精各适量。

制作｜❶将菠菜摘去老叶，洗净，切寸段；蒜去皮，捣成蒜泥；葱、姜切丝；醋、香油、盐、味精和蒜泥一同入碗拌匀，调成味汁。❷取锅加水洗净，放入菠菜段稍焯一下，捞出，过凉；银耳择洗净，烫一下过凉。❸用手挤去水分放盘内，加银耳、葱姜丝，倒入调味卤汁，拌匀即成。

10 炝油菜

原料｜油菜400克，盐、花椒油、葱丝姜末各少许。

制作｜❶将油菜去根洗净，直刀切成3厘米长的段，放在开水中焯熟，捞出控干。❷放入盐，撒上葱丝、姜末，把椒油加热炝入，拌匀即可。

11 鱼片蒸蛋

原料｜鸡蛋4个（约200克），鲜鱼片200克，葱末、盐、味精、生抽、胡椒粉各适量。

制作｜❶将鱼片加入盐、油拌匀。❷鸡蛋搅打成蛋液，放盐、味精、半杯温水再打匀，倒入盘中。❸烧沸蒸锅，放入蛋用慢火蒸约7分钟，再铺入鱼片、葱粒续蒸7分钟关火，利用余热焖2分钟取出，淋生抽，撒上胡椒粉便成。

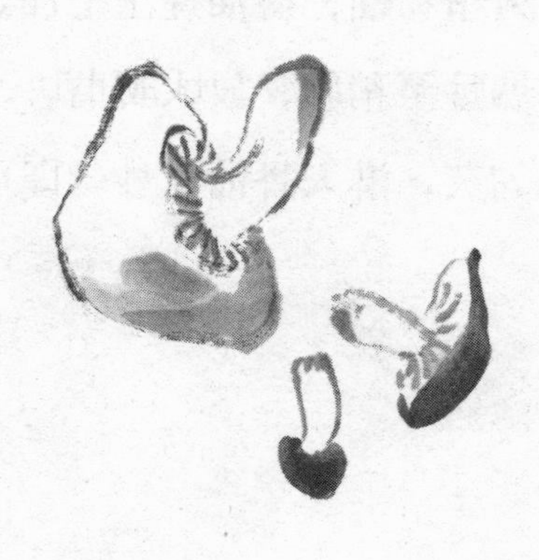

12 芹菜拌腐竹

原料｜芹菜300克，水发腐竹200克，香油20克，酱油、盐、味精、米醋各适量。

制作｜❶将芹菜择洗干净、去掉叶，入开水中烫一下，再用凉水冲凉，切丝，装盘；腐竹切成丝，码在芹菜上。❷味精事先用开水化开，同酱油、盐、米醋、香油一起浇在菜上，拌匀即成。

13 豌豆玉米笋

原料｜罐头装玉米笋1瓶，鲜豌豆仁200克，葱花5克，盐、味精、水淀粉各适量。

制作｜将油烧热后，放入葱花炒出香味，放入豌豆煸炒，豌豆碧绿后倒入玉米笋，然后放盐，用水淀粉勾芡，出锅前放味精，炒匀即可。

14 鲜蘑烧菜心

原料｜油菜心300克，鲜蘑100克，葱花、盐、鸡精、水淀粉、香油各适量。

制作｜❶将油菜心洗净，鲜蘑洗净切成片。❷将炒锅放在旺火上，倒入植物油，待油烧至七成热时，放入葱花炒出香味，将油菜心下锅，煸炒至稍软，放入鲜蘑，小火稍烩，加入盐、鸡精翻炒。❸用水淀粉勾芡，淋入香油，炒匀即可。

15 双菇菠菜

原料｜菠菜350克，鲜香菇100克，口蘑100克，葱花、盐、味精、糖、料酒各适量。

制作｜❶将菠菜去根、洗净，入沸水烫一下，捞出后挤去水，切成两段；香菇、口蘑均切成片。❷将油烧至七成热，先下葱花炒出香味，再下双菇煸炒几下至出香味，最后放菠菜，加盐、糖、味精，翻炒均匀，出锅即可。

16 咖喱菜花

原料｜菜花500克，葱头100克，咖喱粉30克，盐适量。

制作｜❶将菜花洗干净，掰成小朵，倒入开水锅中焯一下，捞出沥去水分。❷将葱头剥去老皮，洗净后切成片。❸将油烧至七成热，加入葱头片煸炒，炒出香味后，放入咖喱粉，炒至金黄色，放入菜花，加盐、味精，菜花裹匀咖喱即可。

17 芥末墩

原料｜大白菜500克，糖10克，芥末100克，白醋5克，盐、香油各适量。

制作｜❶将大白菜择洗干净，去掉叶部，将菜帮部切成4厘米长的段，下入开水中焯一下，控净水待用。❷将芥末放在碗中，用沸水冲成糊状，并按一个方向搅动，同时加入醋、盐、糖、香油，调好后坐在开水锅中发一下。❸将调好的芥末糊，抹在白菜帮上，几块卷成一墩，逐个码在一个盘子里，上边再取一个盘扣上，第二天取出，码盘，即可食用。

18 糖醋卷心菜

原料｜卷心菜300克，醋、糖、盐3克，淀粉适量，花椒10粒。

制作｜❶将卷心菜去老皮，切成块；将糖、醋、盐、淀粉加水调成汁。❷将油烧热，放花椒炸煳，捞出弃去，下卷心菜，翻炒至稍软，倒入调好的汁，翻炒均匀，盛入盘中即可。

19 双丝炒芹菜

原料｜芹菜250克，笋片50克，豆腐干100克，盐、味精、糖、料酒、葱花各适量。

制作｜❶将芹菜去根，去老叶洗净，切成3.5厘米长的斜丝，将笋片、豆腐干均切成丝。❷将油烧热，放葱花炝锅，放笋片、豆腐干煸炒片刻，倒入芹菜翻炒，放料酒、盐、味精炒匀装盘即可。

20 海米拌油菜

原料｜油菜250克、海米15克、盐、酱油、醋、葱花、姜末、香油各适量。

制作｜❶先将油菜择洗干净，直刀切成3厘米长段，下开水锅焯熟。捞出控去水分，装入盘子里。❷将海米泡开，改刀成小块，与油菜段拌在一起。最后浇入用盐、酱油、醋、香油、葱花、姜末调成汁，调拌均匀即可。

21 菠菜拌粉丝

原料｜菠菜300克，粉丝50克，海米15克，芥末面、味精、盐各适量。

制作｜❶将菠菜择去黄叶，切去根，用清水洗净，放入开水锅中烫一

下，捞出放入凉水中过凉，挤去水，切成3厘米段。❷将粉丝开水泡发，入凉水过凉，切成10厘米长段放盘内；海米开水泡发好，放在粉丝上；芥末少许开水调匀，坐在开水上，盖盖焖上。❸将发好的芥末倒入菜上，加盐、味精，调匀即可。

22 碧玉豌豆仁

原料｜新鲜豌豆仁200克，素火腿50克（豆制品），小白菜六片，味精、盐、糖、高汤、水淀粉各适量 。

制作｜❶小白菜片成片，焯烫熟，捞出控水。❷素火腿切成1厘米见方的丁，下油锅速炸，捞出。❸锅中放入少量高汤，豌豆仁，烧开后放入小白菜，放盐、味精、用水淀粉勾芡。❹素火腿放在菜上即可。

23 蚝油生菜

原料｜生菜400克，蚝油30克，料酒、胡椒面、盐、水淀粉、味精各适量。

制作｜❶把生菜老叶去掉，一层层剥开，清洗干净，控净水。❷坐锅放油，油烧热后放入生菜，大火翻炒至塌软。❸加蚝油、料酒、胡椒面、味精、蚝油炒匀后用水淀粉勾芡，即可。

24 芥蓝沙拉

原料｜新鲜芥蓝300克，沙拉酱或沙拉调料适量，色拉油少许。

制作｜❶将芥蓝洗净，用热水焯熟，取出后用清水冷却，空干水分待用。❷将焯好的芥蓝切成长段，或整棵码放在盘内，淋色拉油少许，挤上沙拉酱或加入沙拉调料即可。

三 推荐汤菜

1 清汤银耳

原料｜干银耳1大朵，盐、味精、胡椒粉各少许。

制作｜将银耳用凉水发开，洗净、去根，择成小朵。加水适量煮开，放银耳煮沸，再小火炖一会儿，加入盐、味精、胡椒粉调味即可。

2 虾皮紫菜汤

原料｜紫菜20克，虾皮15克，鸡蛋1个，盐、香油、香菜、胡椒粉各适量 。

制作｜汤锅中加水约两碗，烧开后放入紫菜、虾皮煮沸，将鸡蛋打匀缓慢倒入汤中，蛋熟立即关火，加入盐、香油、香菜、胡椒粉出锅。

3 番茄黄瓜汤

原料｜番茄100克，黄瓜100克，鸡蛋1个，盐、香油适量。

制作｜❶番茄、黄瓜切片，鸡蛋打匀备用。❷汤锅中加水约两碗，烧开后放入番茄、黄瓜片，再将鸡蛋液缓慢倒入汤中，边倒边用汤勺轻轻搅动。❸蛋熟后立即关火，加入盐、香油即可出锅。

4 鲜鱼生菜汤

原料｜草鱼尾部肉100克，生菜100克，盐、高汤适量。

制作｜❶将草鱼肉顶刀切薄片，轻轻拍松。❷生菜平垫在汤碗底，将鱼片码在生菜上面。❸起锅下入高汤烧开，马上倒入汤碗，加盐即可。

5 海带鸡腿汤

原料｜鸡腿肉200克，水发海带80克，葱花、姜片、盐各适量，炼乳1汤匙。

制作｜❶鸡肉切大块，洗净；海带洗净，切丝。❷锅中放5杯水烧开，下姜、葱、鸡肉、海带，煮开改小火炖。❸鸡肉熟后，加盐调味，关火后加入炼乳拌匀即可。

6 平菇蛋汤

原料｜鸡蛋2个，鲜平菇250克，青菜心50克，料酒、盐、酱油、鸡粉各适量。

制作｜❶将鲜平菇洗净，撕成薄片，在沸水中略烫一下，捞出待用；将鸡蛋磕入碗中，加料酒、少许盐搅匀；青菜心洗净切成段。❷炒锅置旺火上，倒约2汤匙油烧热，下青菜心煸炒，放入平菇，倒入适量水、鸡粉烧开，加盐、酱油，倒入鸡蛋液，再烧开即成。

7 香菜黄豆汤

原料｜香菜30克，黄豆50克，盐、味精、香油各少许

制作｜将黄豆洗净浸涨发，加水煮至酥烂后，趁沸投入香菜段，加盐、味精，淋上香油即可食用。

第五章

老年人夏季营养餐

一

夏季特点

对于老年人来讲，注意饮食卫生，预防热中风，是安全度夏的关键。

夏季暑湿炎热，人们感到疲倦、乏力、胃口不佳；大量的排汗和饮水可能导致体内水分、盐分、水溶性维生素（维生素B_1、维生素B_2、维生素C等）随之丧失，造成水盐代谢平衡紊乱，胃液酸度降低，引起食欲下降；加之唾液分泌减少，各种消化酶生物活性降低，如不注意饮食卫生，则容易导致消化系统疾病。故夏季饮食应本着清淡滋阴、健脾开胃、清热解暑的原则，忌食肥腻、燥热等助阳生热之物，可选用富有营养、易于消化、生津止渴的食品。

二

夏季食物的选择

夏季盛产略带苦味的蔬菜，具有清凉解暑的功能，如：苦瓜、芥蓝、芥菜、鲜榨菜头、莴笋、紫背天葵、茼蒿等；冬瓜、丝瓜、黄瓜、茄子、番茄等瓜果具有祛暑利湿的功能，可适当多吃一些这类蔬

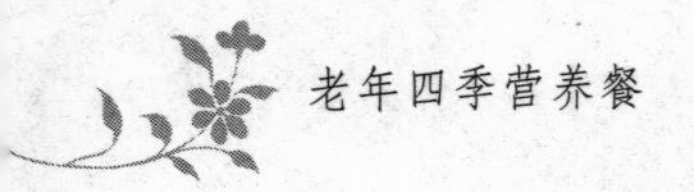

菜。对于苦夏的人，还可通过改善烹调来提高食欲，适当添加酸、甜、辣味等调料使食物滋味丰富。食用各种汤、粥和可口爽心的凉菜，饮些增进食欲的茶等，达到补充营养、防暑降温的目的。适当减少高蛋白和易过敏食物摄入。西瓜、草莓、桃、香瓜、甜瓜、菠萝、芒果是夏季常见时令鲜果，其中菠萝和芒果为热性水果，一次不宜吃太多或连续食用，否则容易“上火”。尽量做到吃多少做多少，不吃或少吃剩下的食物。

另外，老年人夏季尤应注意补水。老年人由于口渴中枢敏感性降低，常常缺乏口渴感，容易使机体处于隐性脱水状态，因此，夏季补充适当的水分对老年人十分重要。应本着少量多次原则补充水分。绿豆汤、茶水、菊花茶、凉茶、罗汉果茶、麦冬茶有较好的解暑消渴作用，是夏季消暑佳饮。

三

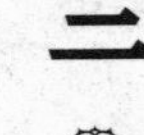

夏季推荐食谱

一 推荐荤菜

1 清蒸鳜鱼

原料｜净鳜鱼1条（约700克），盐、葱姜丝、料酒、葱姜、蒸鱼豉汁、各适量。

制作｜❶鳜鱼洗净，在背上顺着鱼脊骨方向纵切一刀。❷加盐、葱

姜、料酒腌制后上笼旺火蒸8分钟。❸取出鱼，拣去葱姜，淋上蒸鱼豉汁，鱼身上放一些葱丝，油烧热后浇在鱼上即成。

2 清蒸鲳鱼

原料｜鲜鲳鱼1条（约400克），猪五花肉片、盐、料酒、花椒、大料、葱块、姜片各适量。

制作｜❶将鲳鱼去鳃去内脏洗净，在鱼身两侧切十字花刀，放入汤盘内，鱼身抹料酒，摆上葱块、姜片、大料、花椒、肉片，撒少许盐。❷将鱼盘放入蒸锅内，用旺火蒸熟烂取出，去掉葱姜、大料、花椒。❸将鱼盘中蒸鱼原汤倒入锅中，加入盐调味，烧开，浇在鱼身上即。

3 红油三丝

原料｜熟鸡肉150克，熟肚150克，青笋150克，盐、酱油、辣椒油、味精、香油各适量 。

制作｜❶将鸡肉、肚、青笋分别切成丝。❷按青笋丝、肚丝、鸡丝的先后顺序，铺入盘内。❸将盐、酱油、辣椒油、香油、味精装入碗内调匀，淋在三丝上拌匀即成。

4 番茄牛肉

原料｜牛腿肉500克，番茄500克，花椒、姜片、糖、酱油、盐、甜酒酿、鲜汤、葱段、香油、料酒各适量。

制作｜❶牛肉切成6.5厘米长、4.5厘米宽、0.3厘米厚的片，放在碗内，加盐、料酒、姜片、葱段拌匀，腌渍约半小时，拣去葱、姜。❷番茄改成2厘米的片。❸炒锅上火，舀入菜油烧至七成热，放入牛肉片炸至棕褐色，捞出沥油。❹锅内留油烧至四成热，下花椒炸香成棕红色，下番茄炒出香味，加入鲜汤，放入牛肉、盐、酱油烧沸，用旺火收稠卤汁，加入酒酿、糖、味精、香油烧开即可。

5 蘑菇炒牛肉丝

原料｜瘦牛肉250克，鲜蘑菇250克，大蒜泥、姜末、盐、淀粉各适量。

制作｜❶瘦牛肉洗净，切成大片，再顺着肉丝切成细丝，加入淀粉大蒜泥，生姜末和盐，抓匀。❷鲜蘑菇洗净泥沙，去蒂，切大块，待用。❹炒锅烧热，放入油，烧七成热，放入牛肉丝，用旺火爆炒，直炒至肉色变白，再放入蘑菇块，翻炒几下，待出水，改用小火，盖上锅盖，焖几分钟。❺大火收浓汤汁即可。

6 番茄牛肉菠菜汤

原料｜熟牛肉125克，土豆250克，菠菜200克，鸡蛋2个，香油25克，葱头1个，胡萝卜半根，盐、胡椒面、番茄酱、醋、熟芝麻（焙好）、鸡汤或水各适量。

制作｜❶葱头去皮，洗净，切丝；熟牛肉切片；鸡蛋煮熟，去皮，竖切一半；菠菜择洗干净，切成1.5厘米的段；土豆去皮，切块；胡萝卜去皮，洗净，切斜花片。❷炒锅内放入香油，烧热，放入葱头丝煸炒出香味，放胡萝卜斜花片，放上番茄酱，焖至油呈红色。❸放入鸡汤或水，投入土豆块，焖九成熟时，加盐、胡椒面、醋，调好口味。❹放入牛肉片、菠菜段，煮开后烧5分钟。出锅，盛入碗内，每碗放半个煮熟的鸡蛋，撒上芝麻，即可。

7 麒麟冬瓜

原料｜冬瓜400克，火腿100克。味汁料：蚝油1汤匙，糖1茶匙，葱粒、蒜末各1茶匙调匀。

制作｜❶冬瓜切出1厘米的厚片，每片中央切一刀。❷火腿切片，大小与冬瓜夹相当。❸把火腿片嵌进瓜片中，平码在盘中，上蒙保鲜膜，开一小口，放入沸水蒸锅中，高火蒸5分钟；芡汁料放碗内，盖上保鲜膜，留一开口，同蒸。❹出锅后，将味汁淋瓜片上，便可食用。

8 羊肉熬冬瓜

原料｜冬瓜400克，羊肉150克，葱花、姜片、酱油、味精、盐、香油各适量，香菜1棵。

制作｜❶先将冬瓜去皮洗净，切成排骨片；香菜洗净切末。❷炒锅置旺火上，倒入植物油烧热，放入葱花爆香，放入羊肉煸炒，加酱油、盐，煸炒后加少量水，炖至羊肉软烂，撇出浮沫，放入冬瓜片，炖熟，加点味精，淋少许香油、撒上香菜即成。如多加些水即成羊肉冬瓜汤。

9 蒜茸白切牛腩和牛腩萝卜汤

原料｜牛腩500克，姜5片，葱5段，香叶2片，蒜末、葱花、醋、糖、生抽、香油、盐、味精、胡椒粉各适量。

制作｜❶将牛腩洗净沥干水分；白萝卜洗净，切成滚刀块。❷锅内放入开水5杯，放入姜片、葱段、香叶、牛腩，大火煮开，用小火把牛腩炖烂，取出切成大片，放在盘内。❸将蒜末、葱花放碗内。将植物油放炒锅内烧三成热，烹入醋、糖、生抽、香油等调料，烧滚开后倒入放蒜茸，红辣椒、葱花的碗内，调匀后将调料淋入放牛腩上即可。❹煮牛腩汤放入白萝卜块，煮熟后，再放入适量的盐、味精、胡椒粉即可做成美味牛腩萝卜汤。

10 肉丝粉皮

原料｜猪通脊肉150克，粉皮200克，鸡蛋1个，水发木耳50克，黄瓜50克，红椒50克，发好的黄花菜50克，酱油、葱、姜、味精、料酒各适量。

制作｜❶将粉皮洗净，切成宽条。❷肉切丝，葱姜切丝泡汁，黄花择去根用开水焯好，粉皮略烫入盘，鸡蛋用少量油摊成薄皮切丝，木耳，黄瓜，红椒切丝用水焯后控净水摆在粉皮上。❸锅里底油烧热，下肉丝煸炒，加入酱油，料酒，葱姜汁，再下入黄花，旺火翻炒，加味精、盐调味，炒熟后出锅盛在粉皮上，撒蛋皮丝即可。

11 青椒肉丝

原料｜猪肉200克，青椒70克，大油、盐、料酒、甜面酱、葱、姜、水淀粉、味精各适量。

制作｜❶将肉、葱、姜和青椒（去瓤洗净）均切成丝；肉丝用少许料酒、盐、水淀粉上浆，再拌入些花生油。❷用料酒、味精、葱、姜、水淀粉对成汁。❸炒匀烧热注油，油热后即下肉丝翻炒，待肉丝散开，加入甜面酱，待散出味后加青椒炒几下，再倒入对好的汁，待芡熟翻匀即成。

12 鸡汁茄子

原料｜茄子400克，鸡蛋清1个，青尖椒1个，红尖椒1个，鸡胸脯肉100克，豆瓣酱2汤匙，酱油、鸡粉、水淀粉、料酒、糖、醋、葱段、姜片、蒜片、盐、胡椒粉、香油各少许。

制作｜❶将茄子去蒂洗净，一剖两半，再切成4厘米长的段；将青尖椒和红尖椒去蒂、去瓤洗净，切成小片；料酒、糖、鸡粉、水3汤匙、酱油、醋和水淀粉对成调味汁待用。❷将鸡胸肉切成薄片，用料酒、一点油、水淀粉、鸡蛋清和少量盐和胡椒粉拌匀腌10分钟。❸锅里放油烧热（油量大于平时炒菜），放入茄子，翻炒软后盖上锅盖小火焖至软。❹另起炒锅放油上火烧热，炒香蒜、葱、姜，下豆瓣酱炒出红油，依次下茄子、青辣椒、红辣椒和鸡片，用油滑炒熟，投茄子和青、红椒，倒入对好的调味汁，芡熟炒匀后淋上少许香油出锅即可。

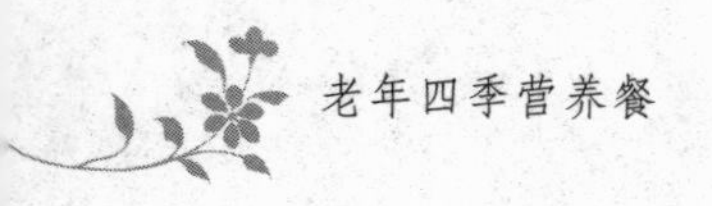

二 推荐素菜

1 炝黄瓜条

原料｜黄瓜300克，盐、味精、醋、香油、葱、姜各适量。

制作｜❶将黄瓜洗净，切成小指大小的条；葱、姜分别去皮洗净，改刀切成末。❷锅置火上，放少许油，下葱、姜末炸出香味，随后放入瓜条，适量盐，少许味精、香油，1匙醋，翻匀出锅，装盘即可。

2 椒油炝芹菜

原料｜鲜嫩芹菜350克，姜末10克、盐、味精、椒油各适量。

制作｜❶将鲜芹菜摘去叶和根洗净，直刀切成5厘米长的段（粗根可劈两半），放进开水锅中焯熟捞出，用凉水冲凉控水。❷放盐、味精，和芹菜拌匀盛盘，放上姜末，倒上加热的椒油炝味即可。

3 酸甜莴笋

原料｜嫩莴笋250克，鲜番茄1个，青蒜25克，柠檬汁（或鲜橙汁）75克，糖20克，盐少许。

制作｜❶莴笋去叶、削皮、去根，切条后用开水氽一下；鲜番茄去皮，切块；青蒜切末。❷将柠檬汁、糖、凉开水、盐放入大瓷碗内搅匀，调好味，再放莴笋、番茄块、青蒜末拌匀，入冰箱贮存，随吃随取。

4 芥末拌黄瓜

原料｜嫩鲜黄瓜300克，香油15克，白醋、芥末酱、胡椒粉、盐各适量。

制作｜❶将黄瓜洗净、消毒，切成上厚下薄滚刀块，加盐入腌3分钟，再用凉开水漂洗一遍，挤干水，盛盘内。❷将香油、白醋、芥末酱、胡椒粉同放碗内调匀，浇在黄瓜块上，拌匀即成。

5 酱烧茄子

原料｜茄子500克、植物油150克（实耗75）克，甜面酱25克，糖、酱油各10克，水淀粉、葱、姜、蒜、盐、味精各适量。

制作｜❶将茄子削去皮，切成2厘米见方的块，表面切十字花刀、葱、姜、蒜切片待用。❷将油下锅烧热后，下入茄子炸成金黄色捞出。❸将锅中油倒出，留少许底油，把葱、姜、蒜和甜面酱一同下锅煸炒，待出香味时放入适量清水炒匀，把茄子、糖、盐、味精、酱油一同放入炒匀，转小火，待茄子烧透，倒入水淀粉烧开即成。

6 红油茄泥

原料｜长茄子500克，辣椒油、酱油、香油、糖、葱末、盐、味精各适量。

制作｜❶将茄子洗净，撕成条，放入蒸锅蒸大约15分钟，晾凉挤净水分，用勺捣成泥，放盘中待用。❷将辣椒油、酱油、香油、糖、盐和味精放入碗中调匀，浇在茄子上，放入葱末拌匀即可。

7 酸甜海带

原料｜水发海带500克，醋30克，糖20克，料酒、盐、酱油、葱、姜、蒜、味精各适量 。

制作｜❶将水发海带洗净，横切成细丝；葱、姜、蒜去洗净，均切成末。❷炒锅旺火烧热，放油，待五成热时，投入葱末、姜末、蒜末煸炒几下，加盐、酱油、料酒、糖和适量的水，烧开后，放入海带丝，待汤浓时，烹入醋，烧开即成。

8 凉拌三丝

原料｜水发海带200克，青椒50克，红椒50克，盐、酱油、香油、醋、糖、姜末、辣椒粉各适量。

制作｜❶海带洗净，切成细丝，放入开水锅中煮2分钟捞出，用凉水过一下，控干。❷把青椒和红椒洗净，去蒂和瓤，切成丝，分别入开水锅中焯一下，捞出，用凉水冲一下，控干。❸取洁净瓷盆，海带丝、青椒丝、红椒丝中放盐稍微腌一下，再加酱油、醋、糖、姜末、辣椒粉和香油，搅拌均匀即可。

9 炒空心菜

原料｜空心菜500克，盐、糖适量。

制作｜❶将空心菜洗净。❷炒锅内放油烧热，放入空心菜翻炒至塌软，起锅前加入盐、糖略炒片刻即可。

10 芦笋手卷

原料｜芦笋 200克，生菜200克，熟米饭半碗，白醋、糖适量，沙拉酱、花生粉、熟芝麻少许，烧海苔片1包（大片）。

制作｜❶清水煮滚，放芦笋约煮熟，捞出晾凉；生菜洗净，晾干，切细丝。❷米饭中加入一点点白醋、糖、芝麻搅拌均匀。❸把整张海苔片烤一下，对折断开取半张；芦笋切成与海苔片宽度一样的长短。❹把半张烤好的海苔放在手上，铺上一层米饭，放几根芦笋和一些生菜丝，均匀地撒上沙拉酱、花生粉、芝麻、卷成卷即可食用。

11 鱼香苦瓜

原料｜苦瓜500克，豆瓣酱1汤匙，葱丝、姜丝、蒜末、红辣椒、香油、酱油、糖、醋各适量。

制作｜❶苦瓜剖开成两瓣，去瓤后洗净，切成细丝，放入开水锅中焯一下，捞出用凉开水浸凉；红辣椒去蒂，切成细丝。❷炒锅上火，加入约2汤匙油烧至五成热，下葱丝、姜丝、蒜末炒出香味，再下豆瓣酱煸出红油后加入酱油、糖、醋炒匀，盛出晾凉制成调味汁。❸苦瓜丝、辣椒丝放入盘内，淋上调味汁、香油，拌匀即可。

12 清炒苦瓜

原料｜苦瓜500克，盐、糖、味精各适量。

制作｜❶将苦瓜洗净，切开挖去瓤，斜刀切成薄片，在沸水中焯一下立即捞出。❷将油烧热，放入苦瓜煸炒，放入盐、糖炒匀，苦瓜稍软即可出锅，关火放入味精炒匀即可。

13 清蒸冬瓜盅

原料｜冬瓜半个（约500克），冬笋100克，水发冬菇100克，草菇100克，料酒、酱油、糖、香油、味精、盐、鸡汤、水淀粉各适量。

制作｜❶将冬菇、草菇洗净，冬笋去皮，均切成末；将油烧至六成热，上述原料放入勺中煸炒，再加料酒、酱油、糖、味精、鸡汤、盐，烧开后勾厚芡，放冷后成馅。❷冬瓜皮不去掉，洗净去瓤，焯水后瓜内壁抹香油，填上炒好的馅料，放盘中，上笼蒸10分钟取出即可。

14 油焖白菜

原料｜白菜心500克，鲜蘑250克，盐、味精、胡椒粉、水淀粉、高汤各适量。

制作｜❶将白菜洗净，纵剖成12条；鲜蘑洗净，倒入锅内，加高汤、盐稍煨。❷炒锅上火，注入植物油烧至四五成熟时，倒入白菜心，中火油焖至八成熟，再加入高汤，将白菜心焖熟，取出白菜心，整齐放在盘中。❸炒锅洗净，放入高汤、鲜蘑、盐、味精、胡椒粉烧开，淋入水淀粉勾芡，然后浇在白菜上即成。

15 鱼香菜心

原料｜嫩油菜500克、花生油35克、四川郫县豆瓣酱15克、糖、米醋、酱油、味精、盐、水淀粉、葱、姜、蒜各适量。

制作｜❶油菜洗净、切成3厘米长的段；葱、姜、蒜切成末，豆瓣酱剁细。❷糖、米醋、酱油、味精、盐、水淀粉对汁待用。❸锅中放油烧热、油菜下锅，稍炒，倒在盘中。❹锅中再放油，把豆瓣酱和葱、姜、蒜一同下锅煸炒，待出香味，烹入对好的汁炒熟，油菜下锅炒匀即成。

16 姜拌藕

原料｜嫩藕500克，嫩姜末2汤匙，白醋、香油、盐、味精各适量。

制作｜❶将藕洗净，去节、削皮顶刀切成圆片，放在清水中浸泡待用。❷取一容器，放入姜末、白醋、盐和香油，调成调味汁待用。❸锅中放清水烧开，投入藕片，烫透后捞出，沥干水分，趁热放入盛有调味汁的容器中，加味精，拌匀后等藕片晾凉即可。

三 推荐汤菜

1 鲤鱼苦瓜汤

原料｜净鲤鱼肉400克，苦瓜1根（约250克），醋、糖、盐、味精各适量。

制作｜❶将净鲤鱼肉用餐巾纸吸干水分，切成片；苦瓜洗净，剖开，去瓤、籽，用开水烫一下，捞出切片待用。❷汤锅放清水用旺火烧开后，放入鱼片及苦瓜片，加醋、糖、盐调味后，用文火煮5分钟，加味精即可起锅。

2 芦笋浓汤

原料｜芦笋300克，鸡清汤400毫升，鲜奶油100克，蛋黄2个，土豆2个，盐、胡椒粉各适量。

制作｜❶芦笋去硬皮，洗净，煮锅内放清水烧开，放芦笋煮15分钟，捞出；❷芦笋煮软的上部嫩尖切下备用，剩下的部分切成段，再放入锅内；土豆去皮洗净，切块入锅。再加鸡汤和煮芦笋的水，用温火煮25分钟。❸把土豆碾成土豆泥；蛋黄加鲜奶油，打成蛋液后与土豆泥泥混合、搅拌，倒入汤里，搅打，放盐和胡椒粉，再烧开，加入备用的嫩芦笋即可。

3 酸辣豆腐汤

原料｜豆腐200克，蘑菇50克，水发黑木耳25克，牛肉25克，鸡汤1000毫升，酱油、盐、醋、大葱、生姜、胡椒面、辣椒油、香油、味精、香菜、水淀粉各适量。

制作｜❶将豆腐洗净，切成长3厘米，宽2厘米，厚为1厘米的条，放入清水盆里，使其散开；牛肉切成细丝；蘑菇、木耳水发好后，去蒂梗，洗净，均切成细丝；香菜择洗干净，切成碎末；葱、姜均切碎末。❷将鸡汤倒入锅内，烧开后，放入姜末、葱末、牛肉丝、木耳丝、蘑菇丝，加酱油、盐、醋、豆腐丝条，烧开后，用淀粉勾芡，再加味精、辣椒油、香油，轻轻搅匀，装碗后，撒上香菜末和胡椒粉即可。

第六章
老年人秋季营养餐

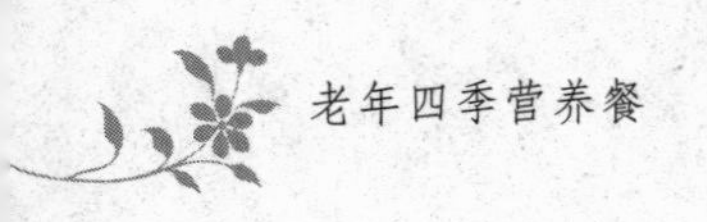

一

秋季特点

秋季是丰收的季节，食物丰富，品种繁多，而且气候凉爽，人们常常食欲大增。按中医的观点，秋季以平补为主，进补应选用性平、生津、润肺、安神、养胃的食物。

二

秋季食物的选择

在食物的选择上可因体质不同而有差别。体弱、畏寒、喜热食者可多吃一些温热性食物，如鸡、鹅、牛羊肉、鹌鹑、黄鳝、鲫鱼、韭菜、大葱、洋葱、姜、大蒜、龙眼肉、红枣、黑枣、栗子、桃、杏、葡萄、柿饼等。而体热者则应多吃些属凉性的食物，如甲鱼、鸭、海蛰、田螺、螃蟹、蜗牛、甘蔗、梨、柚子、香蕉、百合、银耳、西瓜、冬瓜、绿豆、莴笋、芦笋、竹笋、苋菜、紫菜、海带、菠菜、芹菜、干黄花、萝卜等。因“苦夏”造成消瘦者可适当增加主食的摄入量。但体重正常或超重者仍应注意控制总能量和脂肪的摄入，避免肥胖。

秋季是水产品大丰收的季节，鱼、虾、蟹、贝类应有尽有。老年朋友们在大饱口福的同时应注意：不要生吃鱼、虾、蟹、贝类，加热时一定要煮熟、煮透；鱼子、虾脑、蟹黄中胆固醇含量较高，不宜过多食用。

三 秋季推荐食谱

一 推荐荤菜

1 清蒸鲤鱼

原料｜鲤鱼1条（约750克），蒸鱼豉油2汤匙，水发香菇3个，冬笋50克，盐、料酒、葱、姜各适量。

制作｜❶鲤鱼去鳃去鳞去内脏，洗净后，用刀倾斜45度，在鱼身上切几刀，深大约2厘米，每刀之间间隔5厘米。❷在鱼身两面撒上盐和料酒，用手抹开，腌制10分钟；香菇泡软后切片。冬笋洗净后，切成薄片备用。葱切段，姜切片。❸将葱段铺在盘子里，放上鱼，在鱼身的切口内，放上一半儿切好香菇片、笋片、姜片，另一半填在鱼肚子里。❹淋上蒸鱼豉油，再切少许的葱段和姜丝撒在鱼身的表面。❺蒸锅里加水，放入鱼，加盖用大火蒸到冒热气后，继续蒸8分钟即可。

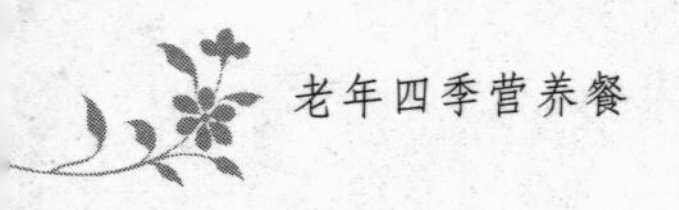

2 豆苗鸡丝

原料｜豆苗400克，鸡肉丝125克，鸡蛋清1个，料酒、水淀粉、胡椒粉、香油、味精、盐、高汤各适量。

制作｜❶先将鸡丝用鸡蛋清、水淀粉拌匀。❷豆苗择洗干净，控去水。❸炒锅内放油，待油烧至三成热，将鸡丝放入滑炒，放料酒、盐、味精、胡椒粉炒熟鸡肉，放入豆苗稍稍翻炒，用剩下的水淀粉勾芡，淋入香油即可。

3 嫩姜羊肉片

原料｜净羊肉200克，嫩姜40克，鸡蛋半个，盐、醋、味精、酱油、糖、胡椒粉、料酒、水淀粉各适量。

制作｜❶选用羊腿肉，剔去筋膜，切成4厘米长、1.5厘米宽、3毫米厚的肉片，放入碗内，加料酒、盐、鸡蛋（半个）、水淀粉浆拌匀；嫩姜洗净，去皮切成长薄片。❷取小碗，放入酱油、糖、料酒、醋、胡椒粉、味精、水淀粉和水适量，调成卤汁待用。❸锅放火上，放入植物油烧热，投入肉片煸炒至松散变色时放入姜片煸炒至肉熟，将小碗内卤汁调匀倒入锅中，翻炒几下，使卤汁裹匀肉片即成。

4 红椒牛肉丝

原料｜牛肉150克，红辣椒150克，酱油、鸡蛋清1个、盐、姜末、葱丝、糖各适量。

制作｜❶将牛肉剔去筋膜，片成薄片，顺着肌肉纹路横切成细丝放碗内，加盐、鸡蛋清，并用手抓拌均匀；红辣椒洗净，去蒂和瓤后切成

丝。❷炒锅放火上，放入植物油烧热，下牛肉丝煸炒至松散变色，加入红椒丝、姜末、葱丝略炒一下，放酱油、糖炒匀即成。

5 冬笋炒牛肉

原料｜净牛肉300克，笋片200克，蒜茸、姜、葱、盐、料酒、老抽、淀粉、小苏打、味精、胡椒粉各适量。

制作｜❶牛肉顶刀切薄片，放小苏打，盐、老抽、淀粉、半汤匙花生油抓拌好，稍腌；碗内放盐、味精、胡椒粉、老抽、淀粉调成味汁。❷笋片焯水，捞出控干水分。炒锅内放花生油烧五成热，将牛肉、笋片下锅滑透过捞出。❸炒锅内留底油，下蒜、姜、葱炝锅，下入牛肉、笋片，烹少许料酒，倒入调好的味汁，翻匀出锅即成。

6 姜丝牛肉

原料｜嫩牛肉300克，嫩姜150克、料酒、酱油、糖、小苏打、水淀粉、胡椒粉、葱姜片、姜末、味精各适量。

制作｜❶姜切丝。牛肉切薄片，加小苏打、酱油，胡椒粉、淀粉，料酒、姜末、花生油和清水拌匀，腌1小时。❷炒锅上火，油烧至六成热，放牛肉片，炒至牛肉色白，放葱姜片、糖、酱油、味精、清水少许，烧熟牛肉，用水淀粉勾芡，放入姜丝炒匀，起锅装盘。

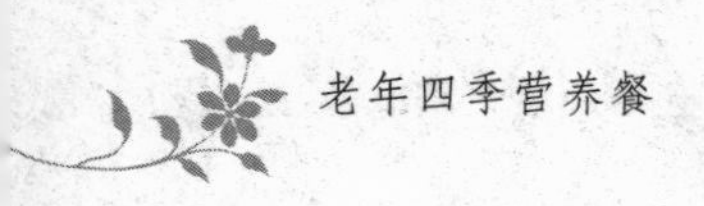

7 金针炒肉丝

原料｜金针菜（干黄花）30克，肉丝100克，姜丝、盐、味精各适量。

制作｜❶金针菜用水泡软打结，择去根，洗净，挤去水。❷起油锅爆香姜丝，加入肉丝拌炒，再加入金针菜炒熟，加盐和味精调味即可。

8 火腿丝瓜

原料｜丝瓜400克，熟火腿100克，盐、味精、淀粉、花生油、高汤各适量。

制作｜❶将熟火腿切成丁；丝瓜刮去皮，洗净切成半厘米厚的扁片。❷炒锅中放油烧热放入丝瓜炒一下，加入高汤，盐，放味精，用淀粉勾薄芡，出锅。❸将丝瓜放入盘中码放整齐，撒上熟火腿丁，浇上锅中的汤汁即成。

9 银耳西芹炒肉片

原料｜猪肉150克，西芹1/4棵，银耳1朵，熟笋肉6片，料酒、蚝油、生抽、糖、淀粉、葱段、蒜茸、盐各适量。

制作｜❶猪肉切片，用生抽、淀粉抓匀；西芹撕去筋络，洗净切片，银耳用冷水浸软，去蒂，洗净。❷烧热油，大火下西芹，加盐炒拌，至变色取出。❸油锅烧热，爆香蒜茸，下猪肉炒拌，至变白色时，放银耳，西芹，葱段，洒入料酒，加笋片，迅速炒合，放蚝油、糖、盐炒匀，盖上盖略煮，炒熟即可。

10 炒羊肉丝

原料 | 羊肉丝200克，笋丝250克，水发香菇25克，青红辣椒共25克、鸡蛋清半个，姜丝、老抽、葱丝、胡椒粉、香油、料酒、水淀粉各适量。

制作 | ❶羊肉丝放入盆内，加入鸡蛋白、一半水淀粉拌匀浆好。❷将剩余水淀粉放入碗中，放入香油、胡椒粉、老抽调成芡汁待用。❸炒锅置旺火上烧热，下入植物油，烧至五成热时，将羊肉丝放入油中浸至熟，倒入漏勺中。❹炒锅内放油少许烧四成热下入姜丝、葱丝、青红辣椒丝、笋丝、香菇丝炒透，加入羊肉丝，烹料酒，调入芡汁，搅拌匀后，加熟油少许匀装盘即成。

11 葱爆羊肉丁

原料 | 羊肉250克，葱100克，蒜片、姜丝、料酒、酱油、盐、糖、香油、味精各少许。

制作 | ❶羊肉切片；葱滚刀切成斜段。❷炒锅上火放油烧至六成热，放入姜丝爆香，将羊肉片放入拨散，放入料酒、酱油、糖、味精炒熟羊肉，最后放入葱段、蒜片，迅速翻炒一下即可关火，放盐炒匀，淋入香油装盘。

12 宫保肉丁

原料｜猪后腿肉200克，笋丁50克，蛋清1/4个，水淀粉、高汤、料酒、糖、盐、味精、酱油、辣豆瓣酱适量。

制作｜❶把肉切成1.5厘米见方的肉丁。❷将肉丁用蛋清、水淀粉、盐浆好，用温油滑熟，捞出控油；笋丁用水氽一下。❸将糖、盐、酱油、味精、料酒、水淀粉、高汤对成汁。❹热锅倒入油烧热，放入豆瓣酱翻炒出香味，倒入肉丁、笋丁，翻炒，再倒入调好的味汁翻炒均匀即成。

13 西洋烩鸡

原料｜净鸡1只（约650克），洋葱200克，蘑菇100克，番茄酱100克，青椒丝50克，火腿20克，盐、味精、料酒、胡椒粉、淀粉、糖各适量。

制作｜❶将鸡洗净切成块，撒盐、胡椒粉、淀粉拌匀；洋葱切丝；火腿切丝；蘑茹切片。❷锅中加入色拉油烧至九成热，将鸡放入，煎至两面金黄熟透，加洋葱丝、青椒丝、火腿丝再煎香。❸放料酒稍烧后加入蘑菇片稍炒，最后加入番茄酱和少许水烧至出油止，再加入味精、盐、胡椒粉、糖等调味即可。

14 冬瓜夹火腿

原料｜火腿100克，冬瓜500克，盐、味精适量，高汤5杯。

制作｜❶将冬瓜去皮、瓤，切成“双飞”片（一刀不切断，一刀切断）放入沸水锅中焯过，放凉水盆中浸冷。❷将瘦火腿切成长方形薄

片，夹在冬瓜片没切断的刀口内，再整齐码在大蒸碗中，加盐、味精、高汤，放笼中用中火蒸至冬瓜熟软。取出，滗出原汤。❸炒锅内加高汤和蒸出的原汁，加盐、味精放旺火上，待烧开锅后，淋在冬瓜上即成。

15 豉汁蒸排骨

原料｜猪排骨250克，蒜2瓣，豆豉2.5茶匙，盐、味精、糖、老抽、生抽、干淀粉各适量。

制作｜❶将排骨剔出（多带瘦肉）洗净，先切成条，再斩成2.5cm长的块洗净，晾干水。❷蒜去皮，剁成泥；豆豉用刀剁成泥。❸将蒜泥、豆豉泥、糖、盐、味精、生抽和老抽一同放入碗中，加入排骨，搅拌均匀腌制。❹将排骨放到蒸碗中拌匀干淀粉，再整齐地排放到盘中，淋花生油后放入蒸笼中，用中火蒸熟即成。

16 肉末烧茄子

原料｜茄子500克，肉末100克，葱、姜、酱油、糖、料酒、鸡精各适量。

制作｜❶将茄子切成滚刀块；葱姜切末待用。❷油锅烧热放入少许油，放入肉末煸炒至变白，盛起待用。❸锅烧热放油，待油热时放入茄子，煸炒至茄子由硬变软时放入肉末、酱油、葱末、姜末、料酒、糖和少量水，盖上锅盖焖烧，放入适量鸡精，炒匀即可出锅。

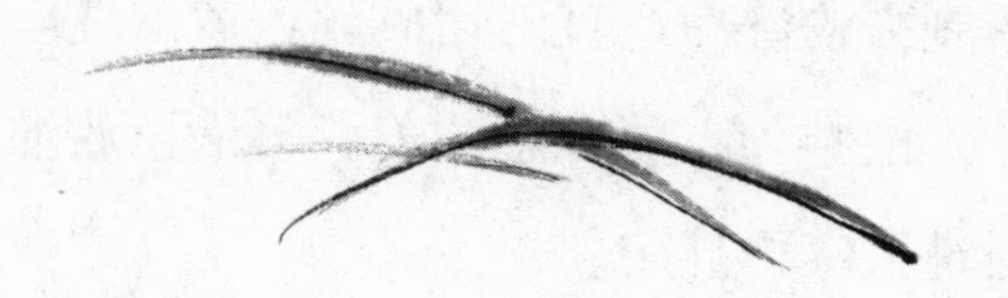

17 鸡丝炒木耳

原料｜鸡胸肉100克，水发木耳200克，葱花10克，蒜片、盐、味精适量。

制作｜❶鸡胸肉切成丝，木耳洗干净。❷将锅烧热加入植物油，烧至七成热，放入葱花、蒜片炒出香味下鸡胸肉煸炒，倒入木耳炒熟，加盐、味精炒匀即可。

18 瓤豆腐

原料｜嫩豆腐500克，瘦猪肉100克，虾仁50克、糖、料酒、姜末、味精、盐、醋、香油、高汤、水淀粉、鸡蛋、面粉各适量。

制作｜❶将瘦猪肉洗净，剁成肉末，加盐、味精、姜末、虾仁，拌匀成馅料。❷将豆腐切成5厘米见方的块，入开水锅焯一下，在每块豆腐中间挖去一小块，塞入肉馅。❸取鸡蛋清打成泡沫状，加面粉拌成稀糊。❹将油烧至五成热，将豆腐滚上面糊，下油锅炸至豆腐外表呈金黄色，肉熟时捞出装盘。❺炒锅内留油少许，加糖、醋、料酒、高汤烧开，用水淀粉勾芡，淋香油，浇在豆腐上即成。

二 推荐素菜

1 炝辣三丝

原料｜莴笋200克，黄瓜150克，红辣椒100克，葱丝、姜丝、盐、醋、各适量。

制作｜❶将莴笋剥去皮洗净，直刀切成丝；黄瓜洗净切丝；辣椒也切成丝。❷撒上盐、醋拌匀，放上葱、姜。❸锅里放油烧热，关火，放入辣椒丝，之后浇入菜中拌匀。

2 萝卜沙拉

原料｜萝卜300克，脆苹果200克，柠檬汁、大葱、酱油、香油、醋、糖、盐、芝麻（焙好）、鲜红辣椒各适量。

制作｜❶萝卜洗净，去皮，去根，切成3厘米长的丝。❷脆苹果洗净，去皮，去蒂，去核籽，也切成和萝卜一样的丝，泡在冷水中，以免变色。❸鲜红辣椒洗净，去蒂根，去籽，剁成碎末；大葱去皮，洗净，切成碎末。❹取沙拉盆，放入萝卜丝、苹果丝，放入柠檬汁、葱末、酱油、沙拉油、香油、醋、糖、芝麻、鲜红辣椒末，轻轻搅拌均匀即可。

3 海米烧茄子

原料｜茄子500克，海米25克，酱油、盐、糖、葱末、姜末各适量。

制作｜❶将茄子切成滚刀块，放入清水中浸泡片刻，捞出待用；把海米放入碗中，用开水浸泡，泡软后去杂洗净，泡海米的水留用。❷炒锅置中火上，放入油3汤匙烧热，下葱末、姜末炒香，放入茄子块和泡好的海米，约炒2分钟后，加入酱油、盐、糖和泡海米的水炒匀，转用小火焖至茄子软烂即可。

4 鸡蛋炒青椒

原料｜青椒300克，鸡蛋2个，盐、酱油、葱、味精、糖各适量。

制作｜❶将青椒去籽洗净，切成细丝；把鸡蛋打在碗里打匀。❷将油烧热，把鸡蛋炒熟，盛入碗中。❸然后再到入少许油烧热，放入葱花煸炒再放入青椒、盐、酱油、糖、味精，将青椒煸炒至七八分熟后，放入炒好的鸡蛋炒匀，盛入盘中即可。

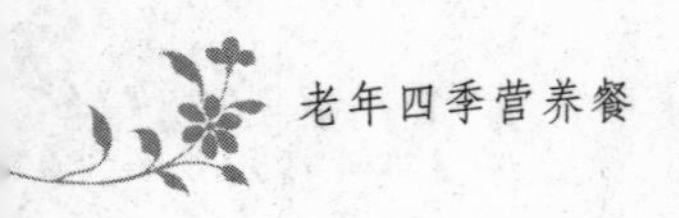

5 海米冬瓜

原料｜冬瓜500克，海米15克，葱、姜、盐、味精、高汤各适量。

制作｜❶冬瓜去皮，去瓤，洗净切成2厘米长的条；海米用热水泡后捞出。❷将油烧至七成热，放葱、姜末、海米煸炒，然后放入冬瓜条，加1杯高汤烧至冬瓜五成熟后，加盐、味精煸炒至冬瓜熟，出锅即可。

6 清炒山药

原料｜山药250克，葱花、盐、糖、醋、味精、水淀粉各适量。

制作｜❶将山药去皮洗净，切成片。❷将油烧热，放葱花炒出香味，倒入山药翻炒几下，放入盐，加少许水，待山药炒至七成熟时加醋翻炒，出锅前放味精炒匀即可。

7 干煸四季豆

原料｜四季豆（400克），碎霉菜100克、葱花、蒜末、姜末、料酒、盐、糖、生抽各适量。

制作｜❶碎霉菜洗净；四季豆撕去筋，洗净滴干水分。放入油锅中炸软盛起，滤去油。❷烧热锅，放油，爆香姜末、蒜末，放入霉菜炒片刻，加入四季豆，料酒、盐、糖、生抽，改中火翻炒至汁收干，洒上葱花炒匀即可。

8 糖醋红椒

原料｜红椒400克，醋、盐、糖各适量。

制作｜❶将红椒用清水洗净，去柄和瓤，切成长块。❷炒锅烧热油，先下红柿椒炒熟，加盐和糖翻炒，随后加醋炒匀即成。

9 糖醋藕块

原料｜嫩藕400克，葱末、姜末、酱油、醋、糖、盐、味精、淀粉各适量。

制作｜❶将藕去节、削皮洗净，切成菱形块，用少许盐略腌，沥干水分；把干淀粉、面粉、盐和水调成糊待用。❷炒锅置旺火上，倒入足量油烧热，先将藕块挂糊，再逐块放到锅中炸，要不断翻动藕块，炸成金黄色时捞出，沥干油待用。❸炒锅中留少许底油，烧至温热时，下葱末、姜末，马上烹入醋，加入酱油、糖、味精和清汤4汤匙，烧开后用水淀粉勾芡，再把炸好的藕块下锅，翻炒均匀后出锅即可。

10 白菜木须

原料｜净白菜帮200克，净水发木耳50克，猪肉片50克，鸡蛋2个，净菠菜25克，酱油、盐、料酒、味精、水淀粉、高汤、葱、姜末各少许。

制作｜❶将白菜帮去掉边叶，坡刀片成大片，再顺切成4厘米长的丝，用少许油煸炒一下，出锅控净水分。菠菜切成3厘米长的段。鸡蛋打入碗内，用少许油炒熟。❷将油放入锅内烧热，下入肉片煸炒断生，加入葱、姜末、酱油、料酒再炒拌一下，投入炒熟的鸡蛋、木耳、菠菜、白菜丝，加入高汤、味精、盐，炒熟白菜即成。

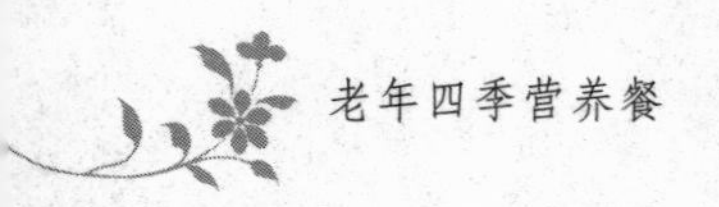

11 花生仁拌芹菜

原料｜芹菜300克，花生米200克，花椒油15克，酱油15克，盐、味精适量。

制作｜❶锅内放入植物油，凉油放入花生米，小火慢炸，炸酥时捞出。❷将芹菜择去根、叶，洗净，切成3厘米长的段，放入开水中烫一下，捞出，用凉水过凉，控净水分。❸把芹菜码放在盘子边上，再把花生仁堆在芹菜圈中。❹将酱油、盐、精、花椒油放在小碗内调好，浇在芹菜上，吃时调拌均匀即成。

12 拌双笋

原料｜冬笋（净）200克，莴笋（净）250克。盐、糖、味精、葱花各适量。

制作｜❶将莴笋切成斜滚刀小块；冬笋下开水锅煮熟后捞出，也切成斜滚刀小块，分别盛在盘内，撒入盐拌匀，略腌一下，滗出水分。

❷然后把两种笋块并在一起，加入糖、味精拌和，将葱花放入碗中。

❸锅内放入生油烧热后，倒在葱花碗内爆成葱油，淋入双笋内拌匀装盆即成。

13 鲜蘑烧腐竹

原料｜鲜蘑200克，腐竹200克，盐、牛肉汤（200克）、味精各适量。

制作｜❶将腐竹用凉水泡软，再用水煮熟，切成段，鲜蘑切成片。

❷将植物油烧至五成熟，放入腐竹、鲜蘑片、牛肉汤、盐烧沸后，加味精，起锅后浸泡，吃时装盘即成。

14 黄瓜炒腐竹

原料｜水发腐竹200克，黄瓜200克，盐、味精、料酒、香油各适量。

制作｜❶将腐竹切成斜段，黄瓜切成片。❷将油烧至七成熟，放入腐竹煸炒，再放入黄瓜、盐、料酒翻炒，出锅前放味精、淋上香油即可。

15 干煸黄豆芽

原料｜黄豆芽250克，葱花、干辣椒丝、盐、味精各适量。

制作｜❶将黄豆芽洗净，控干水。❷炒勺放在旺火上，烧热后用小火煸炒黄豆芽，待豆芽水分减少，九成熟时放入辣椒丝、葱花、盐、味精快速翻炒几下即可。

16 黄瓜炒毛豆

原料｜黄瓜、熏干、净毛豆各100克，盐、糖、味精各适量。

制作｜❶将黄瓜洗干净切成丁，熏干也切成丁。❷毛豆在沸水中稍煮捞出。❸炒锅中放油烧热，倒入毛豆，炒至八成熟，下熏干丁，黄瓜丁，加盐、糖煸炒几下，再放入味精炒匀即可。

17 海鲜豆腐

原料｜豆腐1块，水发海参、水发鱿鱼、火腿各50克，香菇20克，鲜虾仁30克，水淀粉、葱、姜、盐、料酒、味精各适量。

制作｜❶将豆腐、水发海参、水发鱿鱼、火腿、香菇切成丁，放入沸水中烫一下（火腿、香菇除外），捞出控干水分。❷油烧热后放入葱、姜炝锅后放入豆腐、海参等切丁和鲜虾仁主料煸炒，然后加水、盐、料酒、味精，用水淀粉勾芡出锅即可。

18 素拌三丁

原料｜黄瓜200克，土豆150克，胡萝卜150克，盐、味精、香油、辣椒油各适量。

制作｜❶将黄瓜、土豆、胡萝卜洗净，土豆、胡萝卜去皮，均切成丁。❷将土豆、胡萝卜分别放入开水锅中焯至八成熟，然后用水过凉。❸将三丁放入盘中，用盐、味精、香油拌匀即可。

19 糖醋三丝

原料｜白菜心150克，鸭梨200克，京糕丝50克，糖50克，醋30克。

制作｜将白菜心洗净，切成丝；鸭梨洗净去皮、核，切成丝。❶将白菜丝、梨丝放入容器中加入糖，醋，拌匀，最后在上面放些京糕丝，吃前拌匀。

20 芹菜拌腐竹

原料｜芹菜250克，水发腐竹150克，花生米75克，花椒10余粒，盐、味精、醋、香油各适量。

制作｜❶将芹菜去叶洗净，在开水中烫一下，再用清水过凉，切成3厘米长的斜段。❷花生米用水煮熟，煮时放花椒粒。❸将芹菜、腐竹、花生米放入容器中，再放入盐、醋、味精，淋入香油，拌匀即可。

21 桃仁拌芹菜

原料｜核桃仁50克，杏仁25克，芹菜250克，盐、味精、香油各适量。

制作｜❶将芹菜去叶，洗净后切成3厘米长的斜段，在开水锅中焯一下，捞出后用清水过凉，沥去水分。❷将核桃仁、杏仁用开水泡后剥膜，放在芹菜上，加盐、味精、香油腌片刻即可食用。

22 鸡蛋炒菠菜

原料｜鸡蛋2个，菠菜250克，盐、味精葱、姜各适量。

制作｜❶将鸡蛋磕入碗中，打匀；菠菜去根、老叶洗净，切成段，入沸水焯去涩味备用。❷将油烧热，倒入鸡蛋液炒熟，盛出。❸再将余油烧热，下葱、姜末炝锅，倒入菠菜翻炒，加盐、味精炒至七成熟，放入炒好的鸡蛋和菠菜同炒几下即可。

三 推荐汤菜

1 鲫鱼萝卜丝汤

原料｜鲜鲫鱼2条（约400克），白萝卜、葱、姜、鸡汤、料酒、盐各适量。

制作｜❶鲫鱼去鳞、腮和内脏，洗净拭干水，在鱼身双面斜划三刀。❷白萝卜去皮洗净，切成细丝；葱去头尾切成段，姜去皮切片。❸烧热锅内放油，爆香姜片，放入鲫鱼煎至双面金黄色，注入3碗清水和1匙料酒，倒入萝卜丝与鲫鱼一同煮沸，改中火炖煮至汤呈奶白色。❺放入葱段，加入1杯鸡汤、盐搅匀调味，即可出锅。

2 砂锅鱼头汤

原料｜胖头鱼鱼头1个，豆腐200克，粉丝50克，白菜50克，盐、香菇、葱、姜、胡椒、香菜适量。

制作｜❶将鱼头切开，两面都炸至金黄后捞出将油空干置于砂锅中；香菇冲净。❷砂锅中加水适量，加入盐、香菇、葱、姜、胡椒等调料，旺火煮开，加入豆腐，改文火煨至汤呈乳白色。❸加入白菜、粉丝稍煮，起锅装盆，撒入香菜。

3 清汤萝卜

原料｜白萝卜约1000克，香菜叶少许，盐、味精、素高汤、胡椒粉各适量。

制作｜❶将萝卜洗净去皮，切成长片，再切5刀相连的连刀片，放水中漂透，沥水后上笼蒸熟，放水中漂透，再放萝卜放清水中泡。❷素高汤加盐烧开，下泡好萝卜片略煮，捞出萝卜放入汤盆中。❸素清汤中加胡椒粉、味精，打去浮沫，浇在汤盆中，撒香菜即成。

4 成都蛋汤

原料｜鸡蛋2个，水发木耳50克，菜心100克，盐、味精各适量。

制作｜❶将鸡蛋去壳，放入碗内用力打散。木耳洗净。❷汤锅置火上，放入植物油烧热，鸡蛋入锅，煎至两面微黄，当蛋质松软时，用铲子将鸡蛋捣散，加入水，再下盐、木耳、菜心、味精，烧开即成。

5 南瓜汤

原料｜南瓜350克，洋葱1个，肉汤4杯，牛奶2杯，面粉200克，鲜乳

酪半杯，西芹、肉豆蔻、盐、胡椒、黄油各适量。

制作｜❶将南瓜去皮去瓤，切成薄片，洋葱切成碎片，用黄油炒好；鲜乳酪打成泡沫。❷炒锅上火，放入洋葱末，南瓜片，肉汤，直至煮烂。❸将肉汤过滤后置火上，加入南瓜、牛奶煮开，将黄油和面粉搅拌均匀后，一点一点均匀放入，加入适量肉豆蔻、盐、胡椒，起锅盛入碗内，放上西芹末和鲜乳酪的泡沫，使其漂浮汤上即可。

6 海米萝卜汤

原料｜白萝卜200克，海米、盐、味精、葱末、料酒各适量，清汤500克。

制作｜❶将萝卜洗净，去皮，切成细丝待用；将海米洗净。❷炒锅中倒入1汤匙油，用葱末炝锅，随即加入料酒、清汤，把萝卜丝、海米同时下锅，待萝卜丝熟后，加入味精、盐调味，撇去浮沫即成。

7 萝卜连锅汤

原料｜五花肉100克，白萝卜500克，豆瓣酱、酱油、葱花、香菜末、味精、姜片、葱段、花椒粒各适量。

制作｜❶将猪肉刮洗干净，烧一小锅清水，下猪肉，煮开后撇去浮沫，下姜片、葱段、花椒粒，将肉煮熟捞出，切成连皮的薄片。❷将豆瓣酱剁细，放油，用小火将其炒香，待油呈红色时盛出，成为油酥豆瓣。❸将萝卜去皮切成厚片，放在肉汤中，用中火煮到快熟时，放入切好的肉片再煮几分钟盛出。❹用油酥豆瓣加酱油、葱花、香菜末、味精拌成味碟，蘸萝卜和肉片食用。

8 粟米菜花汤

原料｜新鲜菜花400克，罐头玉米粒100克，水淀粉、盐、鸡粉、香油各适量。

制作｜❶把菜花洗净，掰成小朵，放入开水锅中烫透，捞出用凉水过凉沥干水分待用。❷炒锅置火上，加入油1汤匙，烧至六成热，下菜花煸炒，放入盐、玉米粒、鸡粉和适量水，烧开后用水淀粉勾汁，芡熟淋上香油，出锅即成。

9 甜椒南瓜汤

原料｜南瓜500克，甜椒100克，盐、味精适量。

制作｜❶将南瓜洗净削去外皮，去除瓜瓤后切成粗丝；甜椒洗净，去蒂去籽，切成粗丝。❷将南瓜用少量盐腌两分钟，用水漂一下，沥干水待用。❸炒锅洗净，置旺火上，放油烧至七成热，下甜椒丝、盐稍炒，下南瓜丝炒几下，加入适量清水烧开，至南瓜断生，放味精，打去浮沫即可。

10 藕片汤

原料｜嫩藕300克，猪肉100克，水发冬菇、料酒、盐、糖、味精、葱末、姜丝各适量。

制作｜❶将藕去节、削皮洗净，切成片；把猪肉洗净切成薄片，用少许盐、料酒、葱末、姜丝略腌待用。❷炒锅置旺火上，放油1汤匙烧热，先下腌好的肉片，煸炒片刻后下藕片同炒，加入适量清水，同时下冬菇、料酒、糖，烧开后加入盐和味精调味，出锅即可。

11 海米白菜汤

原料｜白菜心250克，海米20克，火腿10克，水发香菇4个，鸡油、盐、味精、高汤各适量。

制作｜❶将白菜心切成3厘米长、1厘米宽的条，用沸水稍烫，捞出控净水；海米用温水泡好，火腿切成片；把香菇择洗干净；挤干水分，一切两半。❷锅内加入高汤。火腿、香菇、海米、白菜条、盐，烧开，撇去浮沫，待白菜软时加入味精，淋上鸡油，盛入汤碗。

12 香蕉粥

原料｜香蕉3条、冰糖50克、糯米100克。

制作｜将糯米淘洗干净，下锅加清水上火烧开，加入去皮切成小丁块的香蕉、冰糖熬煮成粥。

13 清汤冬瓜

原料｜冬瓜300克，料酒、盐、味精、胡椒面、面粉、清汤各适量。

制作｜❶将冬瓜去外皮，去瓤，洗净后先切成薄片，每片留一端相连再切丝，切成木梳状，将切好的冬瓜片均匀地沾一层面粉，平铺在盘中待用。❷将加工好的冬瓜片逐片放入开水锅中烫透，捞出后在凉白开中过凉，沥干水分后放入容器中待用。❸炒锅置旺火上，倒入清汤烧开，将部分烧开的清汤倒入盛有冬瓜片的容器，将冬瓜片浸泡入味。❹炒锅中余下的清汤烧开，加入盐、味精、料酒和胡椒面搅匀，倒入汤盆里，再把浸泡好的冬瓜片捞出放在汤盆中即可。

第七章 老年人冬季营养餐

一

冬季特点

冬季天气寒冷，人们为了避寒，户外活动减少，在食谱安排上，适当选择一些维生素D强化食品，弥补因日照不足造成的维生素D合成减少。另外，适当增加锅煲类和辛辣食物的摄入。

二

冬季食物的选择

冬季可选择温性、热性、补中益气的食物。补阳的食物包括：牛肉、羊肉、狗肉、猪肝、带鱼、海参、贻贝、洋葱、红枣、枸杞、茴香、生姜等。滋阴补肾的食物包括：木耳、黑枣、芝麻、黑豆、甲鱼、乌鸡、鲫鱼。

过去北方地区冬季蔬菜品种比较单调，调配食谱比较困难。近年来，由于农业生产技术的发展，各种大棚蔬菜、反季节蔬菜的出现使得食物的季节性变得不太明显。即使以北方冬季的当家菜，如大白菜、萝卜、土豆、洋葱、大葱、大蒜等具有耐储存的特点的蔬菜为主，只要用心烹调、不时增加一些大棚生产的反季节蔬菜，如：油菜、韭菜、黄瓜、番茄、青椒、芹菜、莴笋、蘑菇等，仍然可以搭配出丰富多彩的冬季食谱。

三

冬季推荐食谱

一 推荐荤菜

1 宫保牛肉

原料｜牛肉250克，油炸花生米50克，干红辣末、酱油、糖、花椒、葱花、姜片、蒜片、醋、盐、味精、料酒、水淀粉、肉汤各适量。

制作｜❶牛肉切成方丁加盐、酱油、料酒淀粉拌匀稍腌。❷碗内放入糖、盐、酱油、醋、料酒、味精、肉汤、水淀粉，调成汁。❸炒锅内放入油烧至六成热，放入干红辣椒末，炸至呈棕红色，加入花椒，稍后倒入牛肉丁炒散，再放葱、姜、蒜炒出香味，倒入对好的味汁，边倒边翻炒，最后放花生米炒匀，出锅装盘即成。

2 红焖牛腩

原料｜牛腩500克，生姜1块，面酱、料酒、生抽、老抽、糖、蒜茸、水淀粉各适量，高汤5杯。

制作｜❶将牛腩入沸水锅中煲至熟烂，捞出斩成小方块。❷将生姜去皮，切成片；大蒜去皮剁成茸。❸炒锅放旺火上，放入花生油烧四成热，下面酱、蒜茸、姜片爆香，加牛腩、烹料酒，再下老抽、生抽和糖、高汤略焖，用水淀粉勾芡，装盘即可。

3 土豆炖牛肉

原料 | 土豆250克、牛肉300克、葱段5克、姜3片（5克）、咖喱粉25克，盐、味精、酱油、料酒各适量。

制作 | ❶将土豆洗净去皮，切成三角块。牛肉切成块，放入开水中焯一下捞出。❷锅内加水，放入牛肉、料酒、葱、姜烧开，用慢火炖至将熟，去浮末，放入土豆块同炖，牛肉、土豆熟时，加盐、酱油、咖喱粉同炖，熟后加味精盛出即可。

4 酸菜牛肉

原料 | 腌牛肉片250克，酸菜茎薄片200克，葱白、辣椒、蒜茸、料酒、香油各适量。

制作 | ❶取糖、醋与水淀粉适量调为芡。❷将锅烧热后入油烧热，放入牛肉，拌炒至熟将肉捞出。❸锅中留油，将葱、辣椒、蒜茸、酸菜片放入锅中炒香、放入已炒熟的牛肉炒匀，淋入料酒，把芡倒入炒匀，淋入香油即可。

5 麻婆豆腐

原料 | 豆腐250克，牛肉100克，豆瓣辣酱、高汤、酱油、料酒、水淀粉、盐、味精、淀粉、花椒面、葱、姜各适量。

制作 | ❶将豆腐切成1.5厘米见方的块，放入开水焯一下，滤干水分。牛肉洗净剁成末。❷将油烧热，放入牛肉末煸炒熟，放入豆瓣辣酱，继续煸炒，加高汤，放入葱姜末、豆腐，加酱油、料酒，用中火烧片刻，再加入盐、味精和水淀粉，把汁烧浓关火，撒上花椒面即可。

6 肉片粉丝汤

原料｜牛肉 100克，水发粉丝150克，盐、料酒、淀粉、味精、香油各适量。

制作｜❶牛肉切薄片，加淀粉、料酒、盐和味精拌匀。❷锅里水滚后，先放牛肉片，盖上锅盖略滚即加入用开水发好的粉丝，盖上锅盖煮5分钟左右，开盖加盐、味精后再烧沸，盛入汤碗，淋上香油即可。

7 豉酱蒸鸭

原料｜光鸭1只（重约750克），豉酱、南乳、高汤、老抽、糖、料酒、水淀粉、盐、姜末、蒜茸、熟植物油各适量。

制作｜❶将盐、豉酱、南乳、糖、料酒、姜末、蒜茸一并放入碗内，用筷子搅拌均匀成味料待用。❷将鸭按常法宰杀，去鸭喉、内脏，洗净，把拌匀的味料填入鸭腹内，用小铁针将鸭腹缝住，放入笼中用中火蒸40分钟至熟。取出趁热用老抽抹遍鸭全身皮，拔掉小铁针，倒出鸭腹中的味汁，斩件装盘，摆成鸭原形。❸炒锅内放入蒸鸭原汁，加高汤，放火上烧热，调入水淀粉勾稀芡，加熟植物油推匀，淋在鸭上即成。

8 京酱肉丝

原料｜猪瘦肉250克，葱白250克，甜面酱80克，糖20克、鸡蛋液1个，料酒、味精、盐、姜片、淀粉各适量。

制作｜❶肉洗净切细丝，加入料酒、盐、鸡蛋液、淀粉上浆。❷葱少许切片，其余切细丝，葱丝码在盘中。姜片略拍松，连同 2 克葱放碗

内，加少量清水制成葱姜水。❸锅上火，放油烧热，倒入肉丝滑散至八成熟，加入甜面酱略炒，加葱姜水、味精、糖翻炒，待糖炒化、酱汁变稠时放入肉丝，翻炒至酱汁均匀裹在肉丝上即可出勺。

9 银杏全鸭

原料｜银杏200克，净鸭1只（约1000克），胡椒粉、料酒、鸡油、生姜、葱、盐、味精、花椒、清汤、水淀粉各适量。

制作｜❶将银杏去壳放入锅内，用沸水煮熟，捞出去膜，用开水焯去苦水，在油锅中炸一下，捞出待用；葱、姜拍破。❷将鸭洗净，剁去头和爪，用盐、胡椒粉、料酒将鸭身内外拌匀后，放入盆内，加入生姜、葱、花椒，上笼蒸1小时取出；拣去生姜、葱、花椒，用刀从鸭背脊处切开，去净全身骨头，铺在碗内，齐碗口修圆，修下的鸭肉切成银杏大小的块，与银杏拌匀，放于鸭脯上，将原汁倒入，上笼蒸至鸭肉烂，即翻入盘中。❸锅内倒入清汤，加入余下的料酒、盐、味精、胡椒面，用水淀粉勾芡，淋入鸡油少许，浇于鸭上即成。

10 四鲜丸子

原料｜净猪腿肉400克，水发海参100克，水发香菇50克，冬笋50克，海米25克，鸡蛋2个，料酒、盐、味精、酱油、淀粉、面粉、炖酱、芝麻、香油、鸡汤各适量。

制作｜❶净猪腿肉、水发海参、水发香菇、水发冬笋洗净，控干，均切成碎末；海米水发后，斩成末，一起放入瓷盆中，加上料酒、炖酱、香油、盐、淀粉、芝麻搅拌均匀，做成4个大肉丸。❷面粉和鸡蛋调成糊，然后，将肉丸表面全沾上蛋糊。❸炒锅烧热，放入半锅豆油，烧至七成热时，放入肉丸，炸至表面呈牙黄色时，捞出，放入大碗中，加少许鸡汤，上笼蒸熟，取出倒入4个汤碗中。❹炒锅烧热，加入鸡汤、盐、味精、酱油，烧开后用水淀粉勾芡，汤汁煨浓，倒入4个汤碗中即可。

11 橙汁橙皮小牛排

原料｜牛排5片（约500克），橙子2个，盐、红酒、酱油各适量。

制作｜❶先将牛排每片切成三等分，用少量的盐、糖、红酒及酱油腌拌一下。❷橙子洗净后，一个榨汁待用，另一个切成四等份后取下果肉切成片状，用四分之一的皮切成条状备用。❸平底锅放入适量的油，先煎牛排3~5分钟，然后加入橙子汁及橙果肉，至牛排全熟并吸入橙汁液后盛盘。❹洗净炒锅，入油少许，油九成热时立即将橙子皮爆炸一下后，立刻捞起，撒在牛排上即可。

12 樱桃肉

原料｜五花肉500克，番茄酱100克，樱桃汁50克，糖75克，醋30克，盐、香油、味精、葱、姜、料酒各适量。

制作｜❶猪五花方肉用刀刮去表皮毛污，浸入冷水浸泡后，洗净，捞出，放入开水锅里烧开，氽去血污，捞出，洗净，切1厘米见方的小块；葱、姜各切块和末。❷烧热锅放水1千克，并加入肉块和葱姜块，用小火炖至八成烂，倒入漏勺，沥去水分，待用。❸炒锅烧热，放入豆油，烧至八成热，将肉块投入炸成牙黄色时，沥去油。❹原炒锅烧热，放入香油，四成热时，放入番茄酱，待油炒至呈红色时，放入肉块，加入料酒、葱姜末、糖、醋、盐、味精、樱桃汁，用小火煨15分钟，再用旺火烧至汤汁浓厚，出锅，装盆。

13 芝麻猪肉丁

原料｜瘦猪肉200克，鸡蛋1个，芝麻100克（焙好），面粉、料酒、盐、葱、姜、味精、香油各适量。

制作｜❶将瘦猪肉洗净，去筋膜，切成1厘米见方的丁；葱、姜洗净，均切成末。❷鸡蛋打入碗内，抽打起泡，加入香油、葱末、姜末、面粉、料酒、盐、味精搅拌均匀，放入瘦猪肉丁，腌渍15分钟，取出，放在面粉里滚一下，再挂蛋液，然后，沾匀一层芝麻。❸炒锅烧热，倒入豆油，烧至七成热时，把沾好芝麻的猪肉丁放在锅内炸，炸至肉丁呈金黄色时，捞出，控油，入盘，即可。

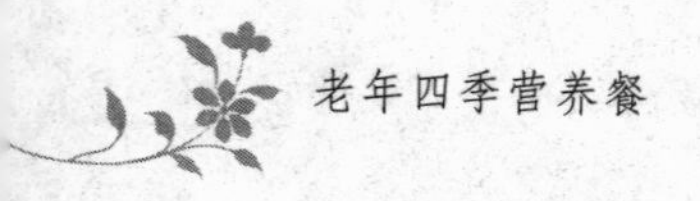

14 糖醋里脊

原料 | 猪里脊300克，鸡蛋清1个，水淀粉50克，盐、葱末、姜末、料酒、酱油、糖、醋、香油、味精各适量。

制作 | ❶将猪里脊洗净，去筋膜，切成4厘米长，5毫米宽的条，放入瓷碗内，加入鸡蛋清、水淀粉、盐搅拌均匀，上浆。❷取小瓷碗放入盐、酱油、味精、糖、醋、料酒、葱姜末、水淀粉调成糖醋汁。❸炒锅烧热，放入花生油，烧至八成热，逐个投入里脊条，炸成牙黄色时，捞出，沥去油。❹原炒锅烧热，放入豆油，烧五成热，倒入糖醋汁，打成薄芡，投入里脊条，翻炒几下，淋入香油，出锅，即可。

15 蒸鸡蛋肉卷

原料 | 瘦猪肉500克，鸡蛋300克，肉蔻末5克，牛奶100毫升，紫甘蓝丝100克，生菜叶150克，盐、胡椒粉、淀粉、味精各适量，油纸1/4张。

制作 | ❶将猪肉去筋膜，切小块，洗净，上绞肉器绞三遍，放入瓷盆内，加鸡蛋200克和盐、胡椒粉、肉蔻末、味精用力向一个方向搅匀，再下入淀粉继续搅打，然后，陆续下入牛奶继续搅匀，制成肉泥馅。❷小煎盘放在火上，用叉子叉住猪肥膘肉在小煎盘上稍擦，用小火把余下的鸡蛋摊成4个薄蛋饼。❸把4张鸡蛋饼放在案上，用刷子蘸余下的鸡蛋在饼上抹一层，再把肉馅分成4份，分摊在4张鸡蛋饼上，卷成卷，两头用手捏住。❺瓷盘抹上生菜油，上放鸡蛋卷，用油纸盖严，入蒸锅蒸40分钟左右，取出，取下油纸，在鸡蛋卷上浇生菜油少许，以免蛋卷干燥。食用时，用锯刀法切成3厘米长的段，码成波浪形或梯形，周围配上紫甘蓝丝、生菜叶，即成。

16 菊花鱼丸

原料｜白菊花100克、鱼肉250克、熟火腿丝、鲜蘑菇丁、烫熟的小豌豆各50克、鸡蛋清2个，料酒、盐、味精、白胡椒粉各少许、高汤、葱花、姜片各适量。

制作｜❶将净鱼肉斩成细腻的鱼茸，加盐、味精、白胡椒粉、清水100毫升、蛋清、少量植物油，顺着同一个方向用力搅和成“鱼胶子”。❷锅内加冷水，用小勺取出“鱼胶子”，放入锅内后上火煮至将沸，做成一个个鱼丸，端离火待用。❸净锅烧热，加少许油，放入葱花姜末煸香即加鲜汤、料酒、盐、味精、白胡椒粉，烧沸后下水淀粉勾稀芡，再把鱼丸、熟火腿、蘑菇、豌豆、菊花推匀即成。

17 枸杞肉丝

原料｜枸杞50克、瘦猪肉250克、青笋片200克，盐、香油、糖、味精、料酒、酱油、淀粉各适量。

制作｜❶将猪肉洗净去筋，切成6厘米长的肉丝，用盐、糖、味精、料酒、酱油搅匀入味。❷锅放油烧热，放肉翻炒至变色，放青笋，再投入枸杞，翻炒几下，淋香油即成。

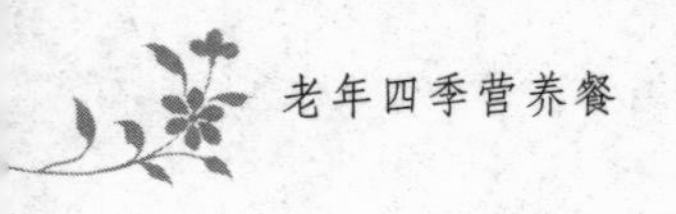

18 红烧蹄髈

原料｜蹄髈 1 个，香菇 5 个，冰糖、酱油、大料、料酒、姜片、盐、葱段各适量。

制作｜❶蹄髈去毛、洗净、沥干，与香菇一起用冰糖、酱油、大料腌30分钟。❷蒸碗里抹油，加入蹄髈和腌料，用高压加热，放气后 8 分钟关火，自然降温后取出。❸碗中再放入料酒、姜片、葱段、盐，再加热，放气后10分钟关火即可。

19 梅子蒸排骨

原料｜排骨600克，酸梅肉20克，糖、老抽、面酱、淀粉、花生油、葱段、蒜茸、味精、盐各适量。

制作｜❶将排骨洗净斩成小块。❷将排骨放入酸梅肉、糖、老抽、蒜茸、面酱、葱段、味精、淀粉拌匀，放在盘中，上面浇少许花生油，上笼屉蒸至排骨熟烂即可。

20 糖醋咕噜肉

原料｜去皮肥瘦肉300克，熟鲜笋肉150克，鸡蛋液30克，辣椒25克，蒜2瓣，葱1段，盐、糖醋汁、香油、汾酒、水淀粉、干淀粉各适量。

制作｜❶将猪肉洗净，片成片，轻轻刻上横竖花纹，然后切成2.5厘米宽的条；笋和辣椒也都切成同样的块；葱切末；蒜切末。❷将肉块放入盆中，加盐、汾酒拌匀，约腌15分钟，加入鸡蛋液和半勺水淀粉搅匀，再沾上干淀粉。❸炒锅放花生油烧至五成热，把肉块放入，炸

约3分钟关火，浸炸约2分钟捞起，把油锅放回炉上，再烧五成热时，将已炸过的肉块和笋块一起下锅，再炸至金黄色、肉熟，倒入漏勺沥去油。❹炒锅放回炉上，投入蒜末、辣椒块，爆至有香味，加葱、糖醋汁烧沸，用水淀粉调稀勾芡，芡熟倒入肉块和笋块裹匀芡汁，淋入香油装盘即成。

21 冬笋里脊丝

原料｜猪里脊肉200克，冬笋100克，味精、料酒、鸡蛋液、水淀粉、盐、葱末、姜末、香油各适量。

制作｜❶里脊肉洗净切细丝，冬笋切细丝，肉丝加水淀粉，蛋液抓匀。❷锅放油烧五成热，将肉丝滑散，控油；冬笋丝焯水，捞出控净。❸锅留底油，放葱姜末爆香，倒入肉丝，冬笋丝翻炒，加料酒，盐，味精炒匀，用水淀粉勾芡，淋香油出锅。

22 果汁肉脯

原料｜瘦猪肉150克，果汁50克，鸡蛋1个，米酒3茶匙，淀粉、香油、花生油50克。

制作｜❶将猪肉洗净切厚，再用刀背剁松；将鸡蛋磕入碗内打散。❷将猪肉片用鸡蛋液、味精拌匀腌渍5分钟，拍上干淀粉。❸炒锅内放入油，将拍上干淀粉的猪肉放入锅内煎至两面金黄色、肉熟。❹另用一炒锅烧热，放入花生油半汤匙，烹入米酒、加果汁、香油、浸炸好的肉片，快速炒几下，即成。

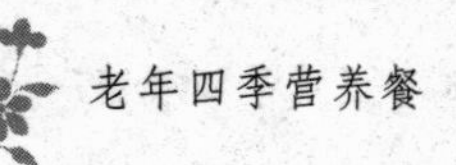

23 扒羊肉条

原料｜羊肉300克， 酱油30克，葱段、姜片、水淀粉、料酒、盐、味精、大料各适量。

制作｜❶将羊肉剔去筋膜，洗净，放入开水锅中，加大料、葱段和姜片煮至熟烂，放凉（原汤备用）。❷将煮熟的羊肉沿横肉纹切成大长条片，面朝下码放在盘中。❸炒锅中放油烧热后，把肉条推入锅内，倒入放原汤烧开，放入味精、盐、料酒、酱油，焖一会儿入味，用水淀粉勾芡，淋上香油即可。

24 核桃鸡丁

原料｜核桃仁100克，鸡肉300克，鸡蛋清1个，冬笋75克，水发冬菇25克，姜1块，葱1段，水淀粉、味精、生抽、盐、料酒各适量。

制作｜❶将鸡肉片成厚片，剞十字花刀，改切成丁，放蛋清，一半水淀粉拌匀。❷核桃仁用水泡软去膜；冬笋、冬菇切丁焯水；葱切花，姜切末。❸取一碗放汤，加盐、味精、一半水淀粉、生抽调成汁。❹将核桃仁下入热油锅中，炸呈微黄时速捞出（避免过火发苦），再将鸡丁、冬笋丁下锅滑透，下姜末、葱花、冬菇丁、鸡丁、笋丁、核桃仁、料酒翻炒，倒入调好的汁，芡熟炒匀出锅装盘。

25 辣子四丁

原料｜猪腿瘦肉250克，黄瓜50克，蘑菇100克，罐头竹笋100克，鸡蛋清2个，料酒、鸡汤、酱油、盐、糖、辣椒酱、大酱、姜末、大蒜、葱末、味精、淀粉各适量。

制作｜❶猪腿瘦肉洗净，去筋膜，切成1厘米见方的丁；蘑菇水发后洗净，去蒂，切成小丁；罐头竹笋切成小丁；黄瓜洗净，一剖两开，去籽，切成小丁。❷把猪腿肉丁放入瓷碗中，加入蛋清、10毫升鸡汤、1克盐与淀粉搅拌均匀，腌10分钟入味。❸再把料酒、15毫升鸡汤、1克盐、糖、味精、淀粉放进碗内，调匀成粉芡汁。❹炒锅放入豆油，烧四成热时，稍冷却，投入肉丁、蘑菇丁、笋丁、黄瓜丁，拔散后，肉丁变白，将葱末、姜末、大蒜末煸炒出香味，放入大酱、辣椒酱、煸炒至呈酱红色时，烹入料酒、酱油、糖、味精，翻炒均匀裹匀酱汁，即可。

26 肉烧白菜

原料｜净白菜帮250克，蒜黄10克，肥瘦肉片50克，料酒、酱油、盐、葱、姜、蒜末各适量。

制作｜❶将白菜切成5厘米长、1.5厘米宽的骨牌块；蒜黄切成3厘米长的段。❷将植物油放入锅内，下放肉片煸炒断生，放入葱、姜、蒜末、酱油、盐，肉上色投入白菜继续煸炒，待白菜出水，加味精，开锅后放蒜黄、料酒搅炒均匀即成。

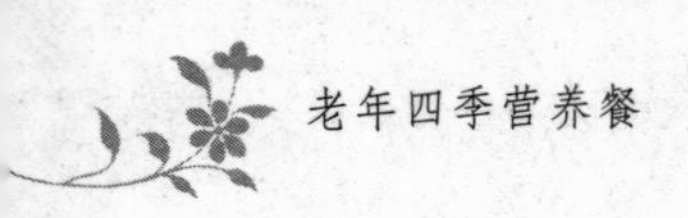

27 番茄豆腐炒肉片

原料｜番茄2个，豆腐1块，猪肉80克，高汤半杯，姜丝、水淀粉、糖、酱油、料酒、盐各适量。

制作｜❶番茄切块；豆腐切块；猪肉切片。❷将猪肉、姜丝在油中炒透，加番茄、豆腐炒匀，炒软番茄后加调料、高汤煮开，用水淀粉勾芡即成。

28 香芋鸡块

原料｜鸡腿肉250克，芋头125克，牛奶150克，洋葱25克、姜、盐、味精、淀粉各适量。

制作｜❶将鸡腿肉除去外皮，切成中等大小的块，芋头切小块；鸡腿肉与芋头拌适量的淀粉。❷将油烧至中温，芋头过油炸至边缘焦黄时捞出控干油分，再将鸡肉放入油中炸至表面焦黄，捞起控干油分。❸姜，洋葱切片，另起油锅倒入适量植物油烧热，放入姜片和洋葱炝锅，接着放入炸过的芋头、鸡肉翻炒，倒入牛奶、水，转小火煮至沸腾。出锅前加入盐和味精炒匀即可。

29 鸡蓉玉米羹

原料｜鸡胸肉100克，甜玉米1罐，鲜牛奶100克，鸡蛋1个，盐、鸡精、水淀粉各适量。

制作｜❶将鸡胸肉洗净，剁成末；鸡蛋磕入碗中打匀备用。❷将油烧热，放鸡肉末炒散，加水500毫升、盐、鸡精、牛奶、甜玉米，烧沸即下水淀粉勾薄芡，再微沸时再将鸡蛋液缓慢倒入，边倒边用勺推动，蛋液熟出锅即可。

30 龙眼虾仁

原料｜蘑菇250克，龙眼、红樱桃各5个，胡萝卜25克，青豆10克，水发冬笋20克，鸡蛋清1个，发酵粉20克，淀粉、水淀粉、姜丝、盐、味精、料酒、高汤各适量。

制作｜❶将蘑菇剪成虾仁状；胡萝卜、冬笋洗净切成丁。❷蛋清、淀粉、发酵粉制成面糊，放入“蘑菇虾仁”拌匀后，将面糊下入七成热的油中炸至淡黄色。❸锅留底油放姜丝和胡萝卜、青豆、冬笋，加盐、味精、料酒、高汤，烧开后用水淀粉勾芡，芡熟后倒入“虾仁”颠两下装盘，用龙眼、红樱桃点缀周边即成。

31 番茄焖明虾

原料｜明虾250克，葱头30克，芹菜15克，青椒25克，番茄250克，蒜瓣15克，胡椒粉、盐、高汤各适量。

制作｜❶将明虾洗净煮熟，剥壳去肠洗净，切段；葱头、芹菜、青椒，番茄、蒜瓣洗净切末；干辣椒洗净切段。❷把锅烧热后倒入植物油，待油温六成时，放入葱头、蒜末炒至微黄，放入芹菜、青椒，再放入番茄炒至软烂，放入胡椒粉。❸倒入适量高汤煮沸，加入盐调好口味，放入明虾段用文火焖数分钟，虾熟即可。

二 推荐素菜

1 三鲜豆腐盒

原料｜豆腐250克，海参50克，虾仁50克，香菇50克，酱油、料酒、盐、味精、葱末、姜末、高汤、淀粉各适量。

制作｜❶将豆腐切成3厘米长、3厘米宽、3厘米厚的长方形，抹上酱油，过油炸至黄金色捞出控油。❷虾仁、海参、香菇洗净均切成小丁，加入盐、料酒、姜末、葱末、味精调成馅。❸将炸好的豆腐切小口挖空，添入三鲜馅，将掏出的豆腐盖上成盒状，依次做完置碗中，加入高汤、料酒、葱、姜、酱油、味精上锅蒸透入味，沥干水分。❹起锅，将原汁烧开去浮沫，淋水淀粉勾芡浇在豆腐盒上即可。

2 炒三鲜

原料｜白菜150克，胡萝卜150克，山药150克，葱、姜、盐、味精各适量。

制作｜❶将大白菜洗净，胡萝卜、山药去皮洗净，均切成丝。❷将油烧热，先下山药丝、胡萝卜丝略炒，再放白菜丝翻炒，放入葱、姜末、盐、加少量水，炒至菜熟，加味精，出锅即可。

3 焖茄子条

原料｜茄子2个，大蒜3头，青椒1个，洋葱头1个，番茄酱50克，生油75克、香菜末，胡椒粉少许。

制作｜❶将茄子洗净、去皮、切条，用冷水浸泡、捞出，沥干，大蒜去皮捣泥，青柿子椒切片，葱头去皮，切块。❷煎锅倒入花生油，烧六成熟，放入茄子条油煎，待煎至两面金黄时，改用小火、放入青椒

片，葱头块和蒜泥、倒入番茄酱炒匀、再放入胡椒粉，加盖煨20分钟，待茄条熟软，出锅入盘，撒少许香菜末即成。

4 软炸豆角

原料｜嫩豆角250克，鸡蛋1个，猪肉丁25克，罐头竹笋25克，松蘑丁25克，葱白丁25克，香油25克，盐、味精、料酒、大葱丝、面粉、生姜、鸡汤、酱油、醋、糖、水淀粉各适量。

制作｜❶将豆角择去两头，洗净，用开水烫熟，入凉淡盐水中过凉，捞出，控干，放入瓷盆中，放少许盐、味精、料酒、大葱丝、生姜丝搅拌均匀，腌渍入味。❷再将鸡蛋磕入瓷碗内，加入少许盐，用筷子打散，面粉放入碗中，加适量清水，调匀成面糊，待用。❸炸锅烧热，放入花生油，烧五成热，将入味的豆角抖去葱姜丝，沾裹蛋液面糊，一根一根下入油锅中，炸成黄色，捞出，待油温八成热时，放入豆角复炸一次，捞出，控油，放入大圆盘中。❹炒锅旺火烧热，放入香油，五成热时，放入葱白丁、猪肉丁、竹笋丁、松蘑丁下入锅中煸炒，放料酒、酱油、糖、味精、鸡汤，烧开后，烹入醋，用水淀粉勾芡烧熟，出锅，淋在炸豆角上。

5 扒四宝

原料｜竹笋尖100克，水发冬菇50克，鲜蘑菇50克，青菜心100克，水发竹荪50克，鸡汤400克，蚝油、鸡油、味精、水淀粉、盐、糖各少许。

制作｜❶把笋尖、冬菇、蘑菇、竹荪放入温油锅中，用温火炸烤一下，再加鸡汤（300克）、鸡油（15克）和蚝油、味精、糖各少许约烩五分钟，每样分开放在盘子中央成花瓣形。❷把青菜心下热植物油锅，加适量味精、盐，用文火烧熟，取出围在盘中四宝的边上即好。

6 青椒茄子

原料｜茄子500克，青辣椒200克，酱油、糖、淀粉、醋、鸡粉各适量。

制作｜❶将茄子削皮洗净，切成半厘米厚的片；青椒去籽、去蒂洗净切成粗丝待用。❷将酱油、糖、淀粉、醋、鸡粉和2汤匙水勾成调味汁待用。❸炒锅上火烧热放入油，倒入茄子片翻炒数下，调成中火，盖上锅盖焖上，待茄子片被煎软了，下青椒丝，迅速翻炒后倒入调味汁，炒匀后出锅即可。

7 素炒双丁

原料｜土豆150克，胡萝卜100克，酱油、盐、辣椒面、大葱各适量。

制作｜❶将土豆、胡萝卜清洗干净，去掉外皮，切成1厘米见方的丁；土豆丁放入水中浸泡1小时后，捞出，控干；大葱切碎末。❷旺火烧热炒锅，放入豆油，烧至五成热时，放入辣椒面、葱末，煸炒出香味，放入土豆丁、胡萝卜丁，烹入酱油、盐和少许清水，旺火烧开，改用小火焖透，入味，汤汁浓稠时，出锅，入盘，即可。

8 海米拌菜花

原料｜菜花400克，海米2汤匙，盐、香油、味精各适量。

制作｜❶将菜花的根和叶切除，整株菜花择洗干净。❷取一盆，放适量水，加一小匙盐，然后将菜花在稀盐水内泡10分钟，捞出，再用清水洗净后，切成小朵花，放沸水锅内烫熟即捞出，沥水晾凉，放盘内加入盐、味精拌匀腌10分钟。❸将海米洗净，用热水泡发后，切碎，撒在菜花上，淋上香油即成。

9 香菇烧菜心

原料｜水发香菇8、9个，白菜心1个，葱段、姜末、盐、味精、糖、水淀粉、料酒各适量。

制作｜❶将香菇洗净，白菜心切成长8厘米、宽1.5厘米的条。❷花生油入锅烧至五成热，将菜心分数次过油稍炸后捞出码在盘内。❸锅内倒花生油25克，投入葱段、姜末稍炸后放入料酒、清水、盐、味精、糖、香菇和白菜，用微火烧至汤浓菜入味时，淋水淀粉勾芡即成。

10 油焖鲜蘑

原料｜鲜蘑100克，料酒、盐、高汤、香油、葱末、姜末各适量。

制作｜❶将鲜蘑放入盆中，用清水冲洗数遍。❷汤锅上火，注入香油烧热，放入葱姜煸炒一下，随即放入料酒、盐、高汤，在火上煨15分钟左右，倒入碗中，晾凉后将鲜蘑挑出，整齐地码在圆盘中即可。

11 酱腌紫茄

原料｜嫩茄子500克，红辣椒3克，盐、酱油、糖、姜汁、香油各适量。

制作｜❶茄子去蒂洗净，放入容器内，放入盐腌渍，加盖腌6小时，取出用凉开水洗净盐液，然后切成长条状备用。❷将盐、酱油、糖、姜汁、切碎辣椒用开水调拌，加入茄段中拌匀，浸泡24小时，即可淋香油食用。

12 奶汁海带

原料｜水发海带250克，蜂蜜50克，糖10克，牛奶250毫升，鲜奶油10克，白葡萄酒25克，柠檬2片。

制作｜❶水发海带洗净、控干，切成长方形片，入锅煮软、捞出，控干。❷将糖、蜂蜜放进锅内，加牛奶、鲜奶油、白葡萄酒，烧开后放海带块，文火煨炖，待海带片附上奶浆，离火晾凉入盘，上放柠檬片，即可。

13 麻酱白菜丝

原料｜大白菜500克，鲜山楂75克，芝麻酱50克，盐、糖、冷鸡汤各适量。

制作｜❶取用大白菜芯洗干净，甩干水分，切成细丝，加少许盐揉一下，腌出水分后挤干，放入大碗里备用。❷山楂洗干净，先切开去核，再切成薄片，放在大白菜丝碗里一边，撒上糖50克左右。❸取小碗放芝麻酱，加冷鸡汤25克，澥开成麻酱汁，❶把白菜丝装入树叶形盆里，叠上山楂片，淋上麻酱汁。

14 虾米烧白菜

原料｜大白菜（中层）500克，虾米25克，姜末、葱末、盐各适量。

制作｜❶先将虾米洗去浮灰，用清水少许浸泡；大白菜洗净，切成六分宽的长条，再斜刀切成斜方片，菜叶和菜帮分开放。❷锅放火上，放入植物油烧热，下葱末、姜末、煸炒至出香时，先倒下菜帮炒几下，再加入盐、虾米（连浸泡的水），待烧至半烂时，放菜叶，烧至菜熟即成。

15 酸辣白菜

原料｜白菜2500克，干辣椒、盐、姜丝、糖、花椒、白醋、香油各适量。

制作｜❶选用抱合很紧的大白菜，去掉外帮洗净，直剖成两瓣，切成5厘米的段，然后再直切成1厘米宽的粗丝。❷取一个盆，放一层菜撒一层盐（共用150克盐左右），然后拌和均匀，用一大盘子盖压，腌渍三小时后，挤去水分仍放盆内，加入糖（约用200克）、白醋约250克拌匀。干辣椒（约60克）洗去浮灰，泡软切成丝，和姜丝（约50克）一起放在菜上拌匀即可。

16 酱爆茄豆

原料｜长茄子500克，嫩青豆150克，甜面酱25克，葱末、姜末、蒜末料酒、味精、盐、糖各适量。

制作｜❶将茄子切成滚刀块（约1厘米厚）；青豆洗净，加盐煮熟。❷锅中放油5汤匙，油热后爆香葱、姜、蒜，再放入茄子煸炒至褐黄色，烹入料酒。❸将茄子拨开，使锅中留出空隙，放入甜面酱，炒出香味，再放入青豆、糖、盐、味精炒匀，使酱汁均匀包裹在茄子上即可。

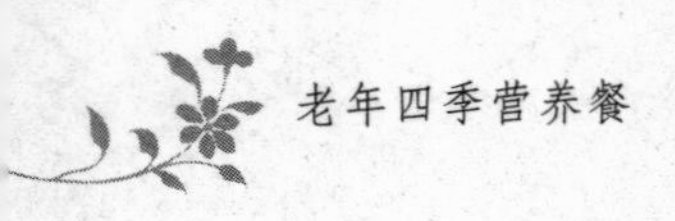

17 雪菜炒冬笋

原料｜净冬笋肉350克，雪菜100克、糖、盐、清汤、香油各适量。

制作｜❶将冬笋切成小滚刀块；雪菜去掉败叶和老梗，切成末。❷烧温植物油，将笋下锅炒约两分钟，倒出，滤去油。❸再放油烧热，将雪菜放入锅内煸炒，然后把笋放下去，加清汤、糖、盐烧约一分钟，浇上少许香油起锅。

18 烧二冬

原料｜冬笋尖250克，水发冬菇100克，胡萝卜25克，青豆25克，料酒、素高汤、盐、糖、葱、姜各适量。

制作｜❶冬笋切粗长条，冬菇、胡萝卜切片，葱姜切末，冬笋、冬菇、胡萝卜、青豆下开水中煮透捞出。❷用葱末炝锅，加料酒、素汤（半碗）、盐、糖烧开，再投全部原料，烧开后用小火煨10分钟，改中火收汁，至汁尽油清时装盘即成。

19 干煸冬笋

原料｜冬笋500克，肥瘦猪肉50克，芽菜50克，料酒、盐、酱油、糖、味精、香油各适量。

制作｜❶将冬笋切成厚片拍松，再切成3厘米长、1厘米宽的片；肥瘦猪肉剁成细粒。❷炒锅置火上，下植物油烧至六成热时，下冬笋煸干水分至淡黄色捞出，控去油。❷锅内留余油，下肉粒炒至酥散，放入冬笋、芽菜煸炒，再烹入料酒，依次放盐、酱油、糖、味精，淋入香油，出锅即成。

三 推荐汤菜

1 菠菜鱼片汤

原料｜鲤鱼肉250克，菠菜100克，火腿肉25克，料酒、葱段、姜片、盐、味精各适量。

制作｜❶将鲤鱼去掉鳞、鳃、肠杂，洗净后，切成0.5厘米厚的鱼片，用盐、料酒渍半小时。❷菠菜洗净切碎，火腿切末。❸锅上火，放入植物油，待油烧至五成热时，下入姜片，葱段，爆出香味，加入适量清水，再下鱼片略煎，用旺火煮沸改用小火焖20分钟，投入菠菜段，调好味，撒入火腿末，放味精，盛入汤碗即成。

2 家常豆腐汤

原料｜熟笋片75克，豆腐500克，水发香菇、青蒜、料酒、姜末、酱油、味精、鲜汤适量。

制作｜❶将豆腐切成0.5厘米厚、3.5厘米长的片，用沸水焯去生味。❷炒锅放油烧热，放入姜末爆香，放豆腐、笋片、香菇和味精，加鲜汤，煮沸后，加入青蒜、料酒、酱油、味精，淋入香油，装盘上桌即可。

3 一品豆腐汤

原料｜嫩豆腐250克、绿叶菜（少许）、鸡肉60克、鸡蛋2只、水发竹荪40克，味精、盐、胡椒粉、鸡汤各适量。

制作｜❶将豆腐搅烂成茸，用细筛滤过；鸡肉用刀背捶成鸡茸，放少许水使之化开，择去鸡筋，并入豆腐内搅匀；将鸡蛋除去蛋白打散。❷将以上用料拌和，加盐、味精、胡椒粉，倒入盆内铺平，盆上先抹些油，以免黏边，上笼蒸七分钟。❸鸡汤加热，放入竹荪、绿叶菜，再将蒸好的豆腐倒入其中即好。

4 茉莉银耳汤

原料｜水发银耳20克，茉莉花15朵，鸡脯肉150克，盐、香油、清鸡汤各适量。

制作｜❶将银耳用温水泡2小时左右，去净黄根和杂质，再倒入开水烫焖10分钟，挤干水分，用清鸡汤上笼蒸8分钟左右，取出待用。❷鸡脯肉砸成泥，用水泡开，抓匀；鸡汤撇去油沫，大火烧开后，加入盐，将鸡泥下锅，改用中火烧，同时用手勺用中速，将鸡泥搅匀，待鸡泥将汤中杂物吸净，汤清见底时，停止搅动，待白沫泛上来时，将鸡泥捞出不用，汤清见底，用微火保持汤的温度。❸把茉莉花择洗干净，放入汤碗内，浇入清汤，盖盖焖一会，待茉莉花香味出来后，去盖，将茉莉花捞出不用，将汤盛入汤盆内，加入蒸好的银耳，倒入香油，即可。

5 羊肉冬瓜汤

原料｜羊肉150克，净冬瓜150克，盐、味精、花椒水、料酒、胡椒粉、葱丝、姜丝、香菜、香油各适量。

制作｜❶把羊肉切成小薄片；冬瓜去皮去瓤，切成长方薄片，用开水烫一下，香菜切成2厘米长的段。❷锅内放入水、冬瓜，加盐，花椒水、料酒、味精、胡椒粉，汤开时把羊肉、葱丝、姜丝、香菜放入锅内，再烧开，加香油少许，盛在碗内即成。

6 牛肉丸子汤

原料｜牛腿肉750克，鸡蛋150克，葱头400克，胡萝卜300克，土豆500克，豌豆50克，盐、香叶1片，干辣椒1个，胡椒粉、味精各适量，牛肉清汤约2000克（10人份的原料）。

制作｜❶将牛肉洗净，切成块，100克葱头去皮，和牛肉一起绞或剁成泥放入盆内，加入5克盐，50克油及胡椒粉、味精、鸡蛋搅拌均匀，加水150毫升，随倒随搅，和成肉泥。❷汤锅内放水烧开，把肉馅制成120个丸子，放入开水锅内，烧开，丸子漂起，把原汤滗出，将丸子放入冷水里洗去浮沫，控净水。❸把胡萝卜、葱头去皮、洗净，切成小方丁，将土豆去皮，洗净，切成小块。❹锅内放入鸡油，烧至五成热，把胡萝卜丁、葱头丁放入，随之放入香叶，胡椒粉、干辣椒，将蔬菜炒到成熟，放入牛肉汤、味精、盐，调好口味，土豆煮到九成熟把丸子放入，烧两个开，改微火稍煮，起锅装盆。

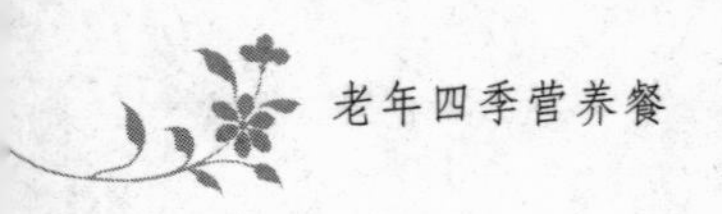

7 枸杞莲子鸡汤

原料｜枸杞30克，红枣12个，干莲子60克，鸡肉200克，盐少许。

制作｜❶枸杞、红枣洗净，鸡肉洗净切块，莲子洗净备用。❷把所有材料放入水中，以大火煮滚后，捞除浮沫，改小火焖煮至食材软烂，加盐调味。

8 冬瓜炖排骨

原料｜排骨500克，冬瓜500克，姜1块，大料1个，盐、胡椒粉、味精各适量。

制作｜❶把排骨斩成小块，洗净沥干水分；冬瓜去皮适当切块；姜拍破。❷将排骨放在开水锅中烫5分钟，捞出用清水洗净。❸将排骨、姜、大料和适量清水，上旺火烧沸，再改用小火炖约60分钟，放入冬瓜再炖约20分钟，捞出姜块、大料，再加盐、胡椒粉、味精起锅即可。

第八章 老年人常见病膳食安排及推荐食谱

随着经济的发展和人民生活水平的提高，我国居民的疾病谱和死亡原因发生了明显的变化。特别是在急性传染病得到控制以后，慢性非传染性疾病（通常称慢性病）对人类健康的危害日益明显。

自20世纪80年代后期以来，我国以癌症、心脑血管疾病、糖尿病等为主的慢性非传染性疾病引起的死亡已占死亡人数的70%以上。卫生部组织的对全国95万人的抽样调查结果显示，我国15岁以上人群的高血压患病率为13.5%，1998我国高血压患者人数超过1亿人。而过去一直被人们认为是发达国家多见的“富贵病”糖尿病，在我国也面呈上升趋势，20世纪70年代末期，我国15岁以上人群糖尿病的患病率不足1%，至1996年已升至3.1%。目前，我国城市地区死亡原因居前三位的分别为脑血管疾病、恶性肿瘤和心脏病；农村地区为呼吸系统疾病、脑血管病和恶性肿瘤。

流行病学调查显示，60岁以上老年人多数患有一种以上慢性病，糖尿病、高血压、肥胖、脂质代谢紊乱、缺铁性贫血和骨质疏松是中老年人的常见病和多发病。这些疾病有着共同的危险性，与长期不合理膳食、静坐生活方式、抽烟和酗酒等不良生活方式，和精神紧张、压抑、过度疲劳等神经、精神因素密切相关。这些疾病一旦发生，治疗起来十分困难，医疗费用十分昂贵。

由于这些疾病有很多共同的危险因素，预防的措施也基本相同，可以通过调整膳食结构、加强体育锻炼、改变不良生活方式等措施进行预防。大量事实证明，膳食、营养与慢性疾病的发生、发展有密切的关系，合理选择食物对慢性病预防及治疗有着重要的意义。

对于已经患有慢性病的老年人来讲，饮食合理对疾病的控制、疾病的治疗、促进康复、防止并发症、提高生活质量十分重要。

一

糖尿病人膳食指导及推荐食谱

（一）糖尿病与糖代谢障碍

1. 什么是糖代谢障碍

在这里，我们要给大家介绍一个新概念：糖代谢障碍，它包括临床诊断的糖尿病（空腹血糖≥7.0mmol／L或口服葡萄糖2小时血糖≥11.1mmol／L者）、空腹血糖受损（空腹血糖为6.0~7.0mmol／L，且口服葡萄糖 2小时血糖<11.1mmol／L）和糖耐量低减者（空腹血糖< 6.0mmol／L，OGTT 2小时血糖7.8~11.0mmol／L）。空腹血糖受损和糖耐量低减是糖尿病的早期表现，如不及时加以控制，其中相当数量的人在3～5年内会发展成确诊糖尿病，饮食调整对这些人尤为重要，如果注意控制饮食，可以减少和延缓糖尿病的发生。

2. 糖尿病的危害

按照目前的医疗水平，糖尿病是终身疾病，患病后一生不能彻底治愈，需要长期进行饮食控制和药物治疗。糖尿病是遗传因素与环境因素长期共同作用所导致的一种慢性、全身代谢性疾病，主要是由于体内胰岛素分泌不足（绝对不足），或者对胰岛素的需求增多（相对不足）而引起的糖、蛋白质及脂肪代谢紊乱的一种综合病征。糖尿病的基本特征是长期的高血糖，而且可导致眼睛、肾脏、神经、血管及

心脏等组织器官的慢性进行性病变，如果不及时进行恰当的治疗，则会发生双目失明、下肢坏疽、尿毒症、脑血管病或心脏病变等甚至危及生命。糖尿病虽然不能彻底治愈，却是完全可以控制的。诊断为糖尿病后，如能将病情长期控制在接近正常水平，糖尿病人的生活、工作和学习可以与正常人一样。

（二）糖尿病饮食治疗的重要性

“减少因对糖尿病的无知而付出的代价！”1995年，国际糖尿病联盟提出了这样一个响亮的口号。

1. 治疗糖尿病的“五驾马车”

早在半个多世纪前，美国一位著名的糖尿病专家就把治疗糖尿病比喻成驾驭一辆三匹马的战车。三匹马分别是：❶饮食治疗；❷药物治疗；❸运动治疗。三者必须有机地结合起来，可以起协同作用，增强疗效。糖尿病患者是车夫，要顺利而安全地行驶到终点，车夫就必须学会驾驶着这三匹马，让这三匹马配合好，使车子稳稳当当顺利行驶，否则，车子就会东倒西歪，甚至车翻人亡。我国的学者根据实践经验，认为饮食治疗是一辆马车中的“驾辕之马”，可见饮食治疗对糖尿病人是多么的重要啊！

随着糖尿病治疗理论的发展，治疗糖尿病已由“三驾马车”改为“五驾马车”，这“驾辕之马”仍然是饮食治疗，增加的两匹马是：❹健康教育；❺病情监测。只有这样才能达到控制并发症的目的。

2. 饮食与血糖水平密切相关

饮食与血糖水平是密切相关的。如果糖尿病人了解了自己所吃的食物组成，含热量以及碳水化合物、蛋白质和脂肪的比例，就能更容易地控制自己的血糖水平。健康饮食是糖尿病人给自己的最好礼物。

在治疗糖尿病的过程中，健康饮食会给糖尿病患者带来无穷的帮助与受益。糖尿病人由于体内胰岛素分泌不足，如果像正常人一样进食，就会出现高血糖和尿糖，对病情产生不利的影响。因此，糖尿病人合理控制饮食，调整饮食结构，这是控制血糖的基本措施之一。

（三）糖尿病配餐原则

1. 控制总热能是糖尿病饮食治疗的首要原则

体重是衡量从食物中获取的能量是否合适的重要指标，应以维持正常体重或略低于理想体重为宜。肥胖者必须减少热能摄入，过于消瘦者可适当增加热量达到增加体重的目的。

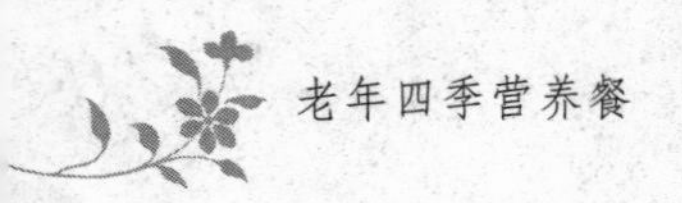

2. 供给适量的碳水化合物

碳水化合物是人类的主要能量来源，包括淀粉、糊精、多糖、单糖等，在体内分解为葡萄糖。碳水化合物主要来源于谷类、薯类、蔬菜和水果等食物。人们对碳水化合物的认识经历了一个曲折的过程。目前我们主张糖尿病患者不要过严地控制碳水化合物，碳水化合物提供的能量应占总能量的60%左右，每日进食粮食量可在250克～300克，肥胖者进食量应在150克～200克。

谷类是日常生活中热能的主要来源，每50克的米或白面供给碳水化合物约38克。其他食物，如乳、豆、蔬菜、水果等也含有一定数量的碳水化合物。莜麦、燕麦片、荞麦面、玉米渣、绿豆、海带等均有降低血糖的功能。

现在市场上经常可以看到“无糖食品”，“低糖食品”等，有些糖尿病病人认为这些食物不会引起血糖升高而不加限制的食用，结果导致病情加重。这是由于人们对“低糖”和“无糖”的误解。事实上“低糖”或“无糖”食品是指食品中以甜味剂代替蔗糖，食品中蔗糖含量低或不含蔗糖。但是这些食品主要成分为谷类食物，当人们进吃后会转变成葡萄糖而被人体吸收，所以“低糖”、“无糖食品”也应控制食用。

3. 供给充足的食物纤维

食物纤维能够降低空腹血糖、餐后血糖以及改善糖耐量。其机理可能是膳食纤维具有吸水性，能够改变食物在胃肠道传送时间，因此主张糖尿病饮食中要增加膳食纤维的量。膳食中应有一些蔬菜、麦麸、豆及全谷。膳食纤维能够在大肠被细菌分解多糖，并产生短链脂

肪酸及细菌代谢物，不被分解的部分能增加大粪便容积，这类膳食纤维属于多糖类。果胶和黏胶能够保持水分，膨胀肠内容物，增加黏性，减速胃排空，增加胆酸的排泄，放慢小肠的消化吸收。这类食品为麦胚和豆类。

以往的理论是纤维素不被吸收，因为大多数膳食纤维的基本结构是以葡萄糖为单位，但葡萄糖的连接方式与淀粉有很多不同之处，以致人体的消化酶不能将其分解。但最近发现膳食纤维可被肠道的微生物分解和利用，分解的短链脂肪酸可被人体部分吸收，而且能很快的吸收。燕麦的可溶性纤维可以增加胰岛素的敏感性，这就可以降低餐后血糖急剧升高，因而机体只需分泌较少的胰岛素就能维持代谢。久而久之，可溶性纤维就可降低循环中的胰岛素水平，减少糖尿病患者对胰岛素的需求。同时还可降低胆固醇，防止糖尿病合并高脂血症及冠心病。

4. 供给充足的蛋白质

当肾功正常时，糖尿病患者膳食中蛋白质的供给应充足。糖尿病的膳食蛋白质应与正常人近似（每1千克体重约1~1.2克），应以优质蛋白为主（来源于动物性食物和大豆制品）。

当并发肾脏损害时，应在营养医生的指导下合理安排每日膳食的蛋白质量，适当减少蛋白质总量，将蛋白质总量维持在每千克体重0.5~0.75克，增加优质蛋白的比例。肾功能严重损害者膳食蛋白质应全部来源于优质蛋白（至少每1千克体重0.3克），此时应以含蛋白质极低的麦淀粉、藕粉作为碳水化合物来源，减少肾脏负担。乳、蛋、瘦肉、鱼、虾、豆制品含蛋白质较丰富。

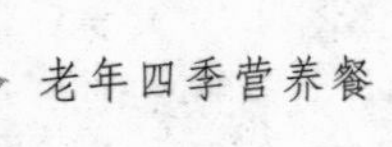

5. 控制脂肪摄入量

有的糖尿病患者误认为糖尿病的饮食治疗只是控制主食量。其实不然，现在提倡不要过于严格的控制碳水化合物，而应严格的控制脂肪的摄入量，达到控制总能量的目的。

控制脂肪能够延缓和防止糖尿病并发症的发生与发展，目前主张膳食脂肪应减少至占总热能的25%~30%，甚至更低。应限制含饱和脂肪酸高的油脂，如黄油、奶油、牛油、羊油、鸡油和鸭油等动物性脂肪，可用植物油，如豆油、花生油、茶油、香油、葵花籽油、粟米油、胡麻油、菜籽油等，植物油中含大量单不饱和脂肪酸和多不饱和脂肪酸，但椰子油除外。花生、核桃、榛子、松子仁等脂肪含量也不低，也要适当控制。还要适当控制胆固醇，以防止并发症的发生。应适当控制胆固醇高的食物，如动物肝、肾、脑等内脏类食物，鸡蛋含胆固醇也很丰富，应每日吃一个或隔日吃一个为宜。

6. 供给充足的维生素和无机盐

凡是病情控制不好的患者，易并发感染或酮症酸中毒，要注意补充维生素和无机盐，尤其是B族维生素消耗增多，应给与维生素B制剂，改善神经症状。粗粮、干豆类、蛋、动物内脏和绿叶蔬菜含B族维生素较多。新鲜蔬菜含维生素C较多，应注意补充。

老年糖尿病患者中，应增加铬的摄入量。铬能够改善糖耐量，降低血清胆固醇和血脂。含铬的食物有酵母、牛肉、肝、蘑菇、啤酒等。同时要注意多吃一些含锌和钙的食物，防止牙齿脱落和骨质疏松。糖尿病患者不要吃得过咸，防止高血压的发生，每日食盐用量要在6克以下。

7. 糖尿病患者不宜饮酒

酒精能够产生热能，但是酒精代谢并不需要胰岛素，因此少量饮酒是允许的。一般认为还是不饮酒为宜，因为酒精除供给热能外，不含其他营养素，长期饮酒对肝脏不利，易引起高脂血症和脂肪肝。另外有的病人服用降糖药后饮酒易心慌、气短、甚至出现低血糖症状。

8. 合理安排每日三餐

糖尿病患者应合理安排每日三餐，每餐都应含有碳水化合物、脂肪和蛋白质，以有利于减缓葡萄糖的吸收。

（四）如何计算能量需要量

饮食提供的能量是否合理是治疗糖尿病的关键，对合并有肥胖、高血脂和冠心病患者更是如此。所谓合理提供能量，主要是根据患者的年龄、性别、体重、体力劳动强度及临床症状等因素来确定能量的供给量。原则上应使病人维持标准体重。

怎样知道自己的体重是超重还是消瘦呢？目前世界公认的一种评定肥胖程度的分级方法为体质指数法（BMI）。具体计算方法是以体重的千克数除以身高的平方（米为单位），其公式为：体质指数（BMI）=体重（千克）/身高（米）^{2}，例如一个人的身高为1.75米，体重为68千克，他的BMI=68/1.752=22.2。当BMI为18.5以下时为消瘦，当此指数为18.5~24.9时是正常，25.0~27.9为超重，28.0以上为肥胖。

糖尿病人如何计算自己每日所需的能量呢？以下是一个简单的方法。确定人体每日所需能量时，必须考虑每天的体力活动水平，表中给出了糖尿病患者每天每千克体重所需热量。糖尿病患者只要先根据我们上面给出的公式计算一下自己的体重BMI范围，然后再根据自己的日常劳动强度就可以推算自己的每日所需能量了。

糖尿病患者每天每千克体重所需热量［千焦（千卡）/千克体重/日］

劳动强度	消瘦	正常体重	肥胖
卧床休息	84~105（20~25）	63~84（15~20）	63（15）
轻体力劳动	125（30）	105（25）	84（20）
中体力劳动	146（35）	125（30）	105（25）

（五）糖尿病人的食谱举例

我们按照不同的能量水平搭配食谱，供糖尿病患者参考。糖尿病患者应根据自身所需热能，选择相应热能食谱。一般来讲，体重正常

或消受、体力活动较重、血糖控制较好的人可选择能量高一些的食谱，反之则应选择能量较低的食谱。

1. 1200千卡能量食谱

❶ 食谱一

早餐：苏打饼干50克，牛奶150克。

午餐：米饭50克，猪舌30克，莴苣笋300克，豆油10克，梨250克。

晚餐：面条50克，豆腐50克，荠菜150克，鸭蛋1个，豆油10克。

❷ 食谱二

早餐：豆浆300克，鸡蛋1个（50克），馒头50克，咸菜少许。

午餐：米饭50克，虾仁炒油菜（虾仁50克、油菜200克、烹调油10克）。

晚餐：米糕1两，肉丝炒芹菜丝（肉50克、芹菜150克、烹调油10克），拍拌黄瓜（黄瓜150克）。

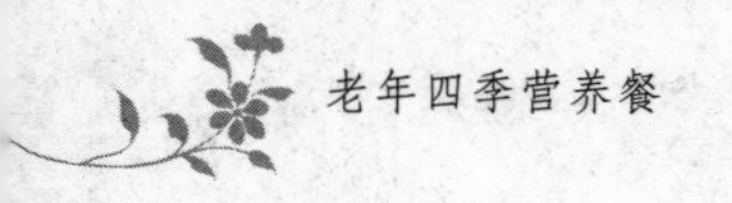

2. 1400千卡能量食谱

❶ 食谱一

早餐：牛奶（鲜牛奶250克），馒头（面粉50克），拌豆芽（绿豆芽100克），煮鸡蛋1个（鸡蛋50克）。

午餐：馒头或米饭（面粉或大米100克），清蒸鱼（鲤鱼150克），萝卜丝炒芹菜（芹菜100克，萝卜丝100克）。

晚餐：馒头或米饭（面粉或大米100克），肉末豆腐（肉末25克，豆腐200克），素炒油菜（油菜200克）。全日烹调用油25克。

❷ 食谱二

早餐：馒头50克，豆奶300克。

午餐：面条250克，牛肉卤（瘦牛肉75克，豆腐160克，洋葱120克），草莓300克，豆油10克。

晚餐：米饭100克，肉炒茭白（瘦猪肉30克，茭白250克），豆油10克。

❸ 食谱三

早餐：豆浆300克，煮鸡蛋1个，小烧饼50克，泡菜少许。

午餐：米饭250克，葱烧海参（葱30克、水发海参300克、烹调油10克），小白菜汤（小白菜150克、烹调油2克、盐少于2克）。

晚餐：馒头50克，玉米面粥250克，清蒸鱼（鱼肉80克、烹调油2克），素炒菠菜（菠菜250克、烹调油8克）。

3. 1600千卡能量食谱

❶ 食谱一

早餐：苏打饼干50克，牛奶150克。

午餐：馄饨（馄饨皮100克，猪肉20克，香豆腐干50克，胡萝卜200克，豆油10克），梨1个（梨200克）。

晚餐：米饭50克，海米炒蒜苗（海虾200克，蒜苗150克，豆油10克）。

❷ 食谱二

早餐：花卷50克，豆浆350克。

午餐：面条250克，烧鲳鱼（鲳鱼80克，胡萝卜200克，豆油10克），苹果200克。

晚餐：米饭100克，炒茭白（臭干80克，猪肉20克，茭白450克，豆油10克）。

4. 1800千卡能量食谱

❶ 食谱一

早餐：咸面包250克，奶粉35克冲饮。

午餐：米饭250克，炒墨鱼（墨鱼150克），香干炒芹菜（香

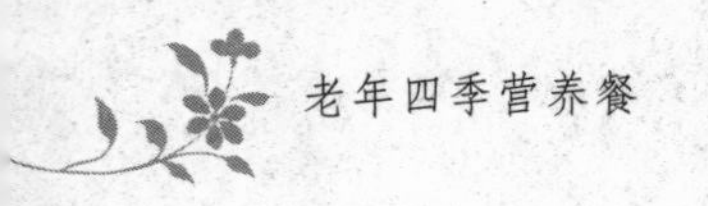

豆腐干50克，芹菜450克）。

晚餐：米饭100克，鸡蛋1个，香炒丝瓜（丝瓜250克，豆油10克）。

❷ 食谱二

早餐：牛奶1袋，煮鸡蛋1个，咸面包片2片。

午餐：米饭100克，肉片烧菜花（肉片80克，菜花200克，烹调油10克），蒜拌海带丝（水发海带100克）。

加餐：苹果1个（200克）。

晚餐：玉米熬芋头100克，雪里蕻炒肉（瘦肉丝50克、雪里蕻100克、烹调油10克），番茄南豆腐汤（番茄100克、南豆腐100克）。

睡前半小时：苏打饼干35克。

5. 2000千卡能量食谱

❶ 食谱一

早餐：年糕150克，鹌鹑蛋30克，酸奶120克。

午餐：面条250克，烧带鱼（带鱼90克），刀豆炒百叶（刀豆120克，百叶60克，豆油20克），枇杷400克。

晚餐：米饭250克，清炖排骨（猪大排50克），素炒菠菜（菠菜200克，豆油10克）。

❷ 食谱二

早餐：牛奶1袋，茶鸡蛋1个，花卷50克，大米粥250克。

加餐：无糖饼干250克。

午餐：米饭250克，牛肉烧冬瓜（牛肉100克、冬瓜200克、烹调油15克），番茄片（番茄200克）。

加餐：猕猴桃1个（200克）。

晚餐：荞麦肉丝面（荞麦面条125克、肉丝50克、油菜100克、豆腐干50克、木耳少许、烹调油10克），泡菜少许。

睡前半小时：苏打饼干35克。

❸ 食谱三

早餐：豆浆200克，标准粉玉米面两种面的馒头100克，鸡蛋50克。

午餐：馒头75克，小米粥50克，肉片豆腐油菜（瘦猪肉100克，豆腐200克，油菜200克）。

晚餐：米饭125克，牛肉白菜（牛肉100克，大白菜200克），拌茄泥100克，全日烹调用油8克。

6. 2200千卡能量食谱

❶ 食谱一

早餐：咸烧饼100克，油条1根，牛奶300克。

午餐：米饭150克，红烧鱼（草鱼200克，豆芽40克，豆油20克），橙子260克。

晚餐：米饭150克，炖鸡翅（鸡翅60克），番茄220克，素鸡40克，豆油10克。

❷ 食谱二

早餐：馒头100克，豆浆350克。

午餐：米饭150克，炒河虾（河虾150克），炒胡萝卜（胡萝卜250克），豆油20克。

晚餐：面条250克，家常豆腐（豆腐120克，猪肉30克），鲜菇炒荠菜（荠菜200克，鲜蘑菇400克），豆油10克。

（六）选择血糖生成指数低的食物

朋友们可能已经发现，进食淀粉含量相等的不同食物，引起血糖升高的程度却不一样。吃100克葡萄糖比吃含有100克碳水化合物的馒头所引起的血糖升高程度要严重得多，而吃含有100克碳水化合物的窝头所引起的血糖波动更小。这是因为淀粉是一大类物质，不同化学结构的淀粉在体内的吸收程度和速率不相同所致，同时与不同食物膳食纤维含量和加工方式有关。

食物的血糖生成指数是衡量食物引起餐后血糖的一项有效指标，同时也是指导人们选择食物的指标。它表示含50克碳水化合物食物与50克的葡萄糖和面包，在一定时间内血糖应达水平的百分比值。血糖生成指数高的食物在体内消化快，吸收完全，其淀粉迅速分解为葡萄糖进入血液；血糖生成指数低的食物在胃内停留时间长，释放缓慢，葡萄糖进入血液后峰值低，下降速度慢，更适合糖尿病人食用。

1. 什么是食物血糖生成指数？

食物血糖生成指数是反映某种食物引起人体血糖升高程度的一个指标。在进食量相同的情况下，食物的血糖生成指数越高，进食后血液中的葡萄糖水平越高，反之亦然。以葡萄糖的血糖生成指数为100，馒头是88.1，大米饭是80.1，玉米糁粥是51.8，绿豆27.2，面包是105.8。

2. 食物血糖生成指数有什么特点？

❶食物血糖生成指数是某种食物进入人体后引起血液中葡萄糖变化的真实反映。由于食物血糖生成指数值是经过人体试食后得出的，所以结果准确可靠。

❷食物血糖生成指数主要是针对碳水化合物含量比例较高的食物而言，实际上是对含碳水化合物的食物进行的一种分类。

❸易于控制血糖，而且使用方便。只要按照下面提供的膳食模型，在每日的主食选择上，尽可能地选择血糖生成指数低的食物，就会有较好的血糖控制效果，不必经过烦琐的计算。

❹能满足个人的不同口味，真正达到食物多样化，有利于做到膳

食平衡。如有的人喜欢甜食就可以适当地添加些血糖生成指数较低的糖，如果糖、乳糖，甚至蔗糖和蜂蜜等也可以适当地添加。

❺ 容易产生饱腹感。由于血糖生成指数较低的食物进入人体后，消化吸收慢，在胃肠道停留时间长，不容易产生饥饿感，对于有多食症状的糖尿病患者的饮食控制十分有利。

3. 如何根据食物的血糖生成指数来选择食物？

食物血糖生成指数大小受许多因素的影响，如食物的种类、生熟、加工方法等。

❶ 食物种类或品种。

食物的种类或品种不同，血糖生成指数也不同。例如，豆类食品一般比谷薯类食品的血糖生成指数低；谷类食品中的大麦、荞麦、黑米等较小麦的血糖生成指数低；苹果的血糖生成指数比菠萝的低。

❷ 膳食纤维。

膳食纤维含量高的食品的血糖生成指数较低，如全麦面包或黑面包血糖生成指数比白面包的低，其中的原因之一就是因为它们所含的纤维素量不同。

❸ 食物的物理特性。

食物中淀粉颗粒大小、颗粒物所占比例及食物的冷热等都对食物的血糖生成指数有影响。淀粉颗粒越大，血糖生成指数越低；食物中淀粉颗粒物质占比例越高，血糖生成指数越低；有的食物放冷后，血糖生成指数越低，如米饭。

❹ 加工或烹调方法。

食物加工或烹调方法不同，其血糖生成指数也不相同，如，加工时间越长、温度越高，血糖生成指数越高。

❺ 混合膳食物成分间的相互影响。

例如混合膳食中蛋白质类食品（如肉、禽、鱼、蛋）和脂肪含量高，血糖生成指数较低，但是，对糖尿病人来说，蛋白质和脂肪摄入量并不是越多越好。

总之，食物血糖生成指数是根据食物的消化吸收快慢、消化吸收的多少综合反映食物血糖升高或降低的一个参数，是糖尿病人选择富含碳水化合物食物的科学依据。

如果将食物的血糖生成指数值分为低（<55）、中（55～70）和高（>70），用一般方法制作的谷类、根茎类食品中也有许多是属于低、中等血糖生成指数食物，如黑米、玉米、荞麦、黑麦粒面包、土豆粉条、藕粉、蒸芋头等；豆类、水果类和牛奶类的大多数属于低血糖生成指数食物。您可以根据食物血糖生成指数的高低，首先选择血糖生成指数低的食物，另外，参考混合膳食血糖生成指数值和上述血糖生成指数的影响因素，安排搭配一天的膳食。在一天的膳食安排

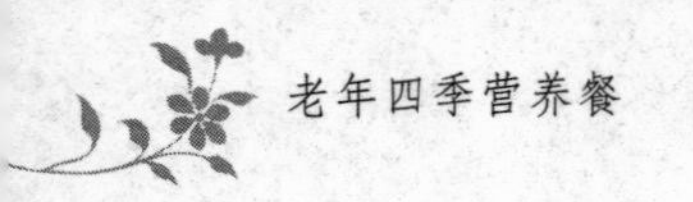

中，主食及副食中的薯类、根茎类食物应有2/3以上属于低或中等血糖生成指数食物，血糖控制效果会较好并持久。

4. 食物与其血糖生成指数

我们将中国疾病预防控制中心营养与食品安全所经过人体实验测得的各种食物的食物血糖生成指数（GI）列出，供大家选择高淀粉食物时使用。

❶ 谷类食物血糖生成指数

食品名称	血糖生成指数（GI）
大麦粒（煮）	25
大麦粉（煮）	66
整粒黑麦（煮）	34
整体小麦（煮）	41
荞麦方便面	53.2
荞麦（煮）	54
荞麦面条	59.3

食品名称	血糖生成指数（GI）
荞麦面馒头	66.7
甜玉米（煮）	55
玉米饭（煮，粗磨）	68
二合面窝头	64.9
黑米	42.3
即食大米（煮1分钟）	46
即食大米（煮6分钟）	87
黏米类（煮，半熟）	50
黏米类（煮熟）	59
普通大米（煮，半熟）	87
普通大米（煮熟）	88
大米饭	80.2
小米（煮）	71
糙米（煮）	87
糯米饭	87.0
强化蛋白质的意大利式细面条（煮7分钟）	27
意大利式全麦粉细面条	37
白的意大利式细面条（煮15～20分钟）	41
意大利式硬质小麦细面条（煮12～20分钟）	55
通心面粉（实心，约1.5毫米粗）	35
通心面（管状，约6.35 毫米，煮5分钟）	45
粗的硬质小麦扁面条	46
加鸡蛋的硬质小麦扁面条	49
细的硬质小麦扁面条	55

食品名称	血糖生成指数（GI）
面条（一般的小麦面条）	81.6
75%～80%大麦粒面包	34
50%大麦粒面包	46
80%～100%大麦粉面包	66
混合谷物面包	45
含有水果干的小麦面包	47
50%～80%碎小麦粒面包	52
粗面粉面包	64
汉堡包	61
新月形面包	67
白高纤维小麦面包	68
全麦粉面包	69
去面筋的小麦面包	90
法国棍子面包	95
白小麦面面包	105.8
45%～50%燕麦麸面包	47
80%燕麦粒面包	65
黑麦粒面包	50
黑麦粉面包	65
稻麸	19
燕麦麸	55
小麦片	69
玉米片	73
高纤维玉米片	74

食品名称	血糖生成指数（GI）
玉米面粥	50.9
玉米糁粥	51.8
黑五类	57.9
小米粥	61.5
大米糯米粥	65.3
大米粥	69.4
即食羹	69.4
即食燕麦片	83.0
爆玉米花	55
酥皮糕点	59
蒸粗麦粉	65
油条	74.9
烙饼	79.6
白小麦面馒头	88.1

❷ 混合膳食血糖生成指数

食品名称	血糖生成指数（GI）
米饭+鱼	37.0
米饭+芹菜+猪肉	57.1
米饭+蒜苗	57.9
米饭+蒜苗+鸡蛋	67.1
米饭+猪肉	73.3
硬质小麦粉肉馅馄饨	39
包子（芹菜猪肉）	39.1
馒头+芹菜炒鸡蛋	48.6
馒头+酱牛肉	49.4
馒头+黄油	68.0
饼+鸡蛋炒木耳	52.2
玉米粉加人造黄油（煮）	69
牛肉面	88.6
饺子（三鲜）	28.0

❸ 豆类食品血糖生成指数

食品名称	血糖生成指数（GI）
大豆罐头	14
大豆	18
五香蚕豆	16.9
蚕豆	79
冻豆腐	22.3

食品名称	血糖生成指数（GI）
豆腐干	23.7
炖鲜豆腐	31.9
四季豆	27
高压处理的四季豆	34
红豆	26
绿豆	27.2
绿豆挂面	33.4
粉丝汤（豌豆）	31.6
干黄豌豆（煮，加拿大）	32
裂荚的老豌豆汤（加拿大）	60
嫩豌豆汤罐头（加拿大）	66
鹰嘴豆	33
鹰嘴豆罐头（加拿大）	41
黑眼豆	42
黄豆挂面	66.6

❹ 根茎类食品血糖生成指数

食品名称	血糖生成指数（GI）
土豆粉条	13.6
白薯/甘薯、红薯	54
煮的白土豆	56
烤的白土豆	60
蒸的白土豆	65

食品名称	血糖生成指数（GI）
白土豆泥	70
用微波炉烤的白土豆	82
油炸土豆片	60.3
鲜土豆	62
煮土豆	66.4
土豆泥	73
土豆制成的方便食品	83
无油脂烧烤土豆	85
雪魔芋	17.0
藕粉	32.6
苕粉	34.5
蒸芋头	47.9
山药	51
甜菜	64
胡萝卜	71
煮红薯	76.7

❺ 奶类食品血糖生成指数

食品名称	血糖生成指数（GI）
低脂奶粉	11.9
降糖奶粉	26.0
老年奶粉	40.9
低脂酸乳酪（加人工甜味剂）	14
低脂酸乳酪（加水果和糖）	33
一般的酸乳酪	36
酸奶	83.0
牛奶（加人工甜味剂和巧克力）	24
全脂牛奶	27
牛奶	27.6
脱脂牛奶	32
牛奶（加糖和巧克力）	34
牛奶蛋糊（牛奶+淀粉+糖）	43
低脂冰激凌	50
冰激凌	61

❻ 饼干类食品血糖生成指数

食品名称	血糖生成指数（GI）
达能牛奶香脆	39.1
达能闲趣饼干	47.1
燕麦粗粉饼干	55
油酥脆饼（澳大利亚）	64

食品名称	血糖生成指数（GI）
高纤维黑麦薄脆饼干	65
营养饼	65.7
竹芋粉饼干	66
小麦饼干	70
苏打饼干	72
格雷厄姆华夫饼干（加拿大）	74
华夫饼干（加拿大）	76
香草华夫饼干（加拿大）	77
膨化薄脆饼干（澳大利亚）	81
米饼	82

❼ 水果和水果产品血糖生成指数

食品名称	血糖生成指数（GI）
樱桃	22
李子	24
柚子	25
鲜桃	28
天然果汁桃罐头	30
糖浓度低的桃罐头（加拿大）	52
糖浓度高的桃罐头	58
生香蕉	30
熟香蕉	52
干杏	31

食品名称	血糖生成指数（GI）
淡味果汁杏罐头	64
梨	36
苹果	36
柑	43
葡萄	43
淡黄色无核小葡萄	56
无核葡萄干	64
猕猴桃	52
芒果	55
巴婆果	58
麝香瓜	65
菠萝	66
西瓜	72

❽ 饮料血糖生成指数

食品名称	血糖生成指数（GI）
水蜜桃汁	32.7
苹果汁	41
巴梨汁罐头（加拿大）	44
未加糖的菠萝汁（加拿大）	46
未加糖的柚子果汁	48
橘子汁	57
可乐	40.3
芬达软饮料（澳大利亚）	68

❾ 糖及其他血糖生成指数

食品名称	血糖生成指数（GI）
糖	
果糖	23
乳糖	46
蔗糖	65
蜂蜜	73
胶质软糖	80
糖	83.8
葡萄糖	97
麦芽糖	105
其他	
花生	14
番茄汤	38
巧克力	49
南瓜	75

（七）采用食物血糖生成指数配餐实例

老李患糖尿病三年，一般情况较好，轻体力劳动，身高1.69米，体重65千克。如何来安排每日膳食？

❶ 计算身高体重指数。身高体重指数=65/（1.69）2≈22.8 体重属于正常；

❷ 计算每日进食量。该糖尿病人体重正常，一般状况较好，轻体力劳动。每日主食250克，其中低或中等血糖生成指数食物占到2/3以上；瘦肉、鱼虾和蛋类共150克；奶类及奶制品100克；豆类及豆制品100克；植物油1匙半（20克）；蔬菜750克；水果200克；

根据上表选择低血糖生成指数食物。

三餐食物重量按一天所需总量的1/5、2/5、2/5分配来安排一天的膳食量和种类。

早餐：馒头75克（粗麦粉50克），牛奶250克，鸡蛋1个（40克），小菜少许；

午餐：焖饭（糙米100克），肉炒白菜（瘦肉100克，大白菜150克），番茄烧豆腐（番茄100克，北豆腐100克），烹调油多半匙，水果1个；

晚餐：二合面窝头（二合面50克），小米粥（小米50克），芹菜拌豆腐干（芹菜100克，豆腐干50克），黄瓜炒鸡丁（黄瓜150克，鸡肉50克），水果1个，烹调油多半匙。

以上三餐主食血糖生成指数分别为：粗粉馒头65，糙米饭55，二合面窝头64.9，加上有蔬菜、豆类和其他血糖生成指数很低的食物为伴，一天食物的血糖生成指数会在一个适宜的范围。如果将主食换为

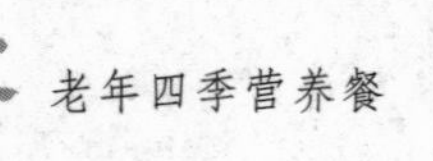

精白粉馒头（GI=88）、好白米饭（GI=88）、面包（GI=106），那么一天食物的血糖生成指数会升高20%左右，长期如此，对血糖控制十分不利。

另外，增加膳食纤维摄入量可以有效地降低餐后血糖水平，我们将常见食物的膳食纤维含量提供给大家，供大家选择。

部分食物膳食纤维含量（每100克食品）

食　物	膳食纤维含量／克	食　物	膳食纤维含量／克
大米	1.4	赤小豆	7.7
小米	1.6	杂云豆	6.8
黑米	3.9	黄豆芽	1.5
黄米	4.4	绿豆芽	0.8
高粱米	4.3	魔芋精粉	74.4
鲜玉米	2.9	大白菜	0.6
标准粉	2.1	菠 菜	1.7
富强粉	0.6	小白菜	1.4
苦荞麦粉	5.8	芹菜	1.4
燕麦片	5.3	油菜薹	2.0
玉米面	5.6	西蓝花	1.6
麸皮	31.3	雪里蕻	1.6
青稞	13.4	金针菜	7.7
黄豆	15.5	蕨菜	25.5
黄豆粉	7.0	苦瓜	1.4
蚕豆	13.4	茄子	1.3

食　物	膳食纤维含量／克	食　物	膳食纤维含量／克
绿豆	6.4	海带（水发）	0.9
青豆	12.6	黑木耳、银耳	30

二

高血压病膳食指导及推荐食谱

（一）什么是高血压和高血压病

高血压是指收缩压或舒张压升高的一组临床征候群。按照第三次全国高血压会议提出的诊断标准，收缩压≥140mmHg或舒张压≥90mmHg，符合其中一项者可确诊为高血压。高血压病与冠心病、肾功能障碍、高血压心脏病及脑卒中的发生存在明显的因果关系。高血压的诊断并不难，但需在不同时间测三次血压，取其平均值，平均收缩压超过140mmHg或舒张压超过90mmHg，方能诊断为高血压。对偶尔超过正常范围者，应定期重复测量以确诊。1999年第三次高血压会议确定的高血压分级标准为：

Ⅰ级高血压：舒张压90~99mmHg或收缩压140~159mmHg；

Ⅱ级高血压：舒张压100~109mmHg或收缩压160~170mmHg；

Ⅲ级高血压：舒张压110mmHg以上或收缩压180mmHg以上。

高血压可导致多种严重疾患发生，如脑卒中、冠心病及肾功能损害。已证实60%脑卒中发病与高血压有关。高血压病是中老年人健康和长寿的大敌，一旦患病往往终生不愈。高血压的预防受到世界各国的重视。控制体重、限盐、控制饮酒量、规律地锻炼、多吃蔬菜和水果、保持轻松愉快是防治高血压病的综合措施。

（二）高血压病饮食调理和营养搭配要点

1. 适量进食，维持能量平衡，保持理想体重

人们都知道体重过高或过低对健康都不利，每增加 10% 体重，可使收缩压升高 0.9 千帕，因此维持正常体重（BMI18.5~24.0）对控制血压十分重要。美国的一项研究表明，肥胖者患高血压病的危险是正常体重者的 8 倍，科学研究证实，肥胖是导致血压升高的危险因素之一。人体所需要的能量全部来源于食物，而体重是反映人体长期能量平衡状况的主要指标。当通过饮食摄入体内的能量与人体所需要的能量相等时，体重维持不变；当摄入大于消耗时体重增加，反之体重减少。人体对能量需求量的个体差异较大，很大程度上取决于个体的基础代谢率和体力活动强度。由于大多数老年人均属于极轻体力活动者，每日所需的能量约为 7531 千焦（1800 千卡），我们在表中所列举的食物量可满足大多数老年人的营养需求，老年朋友可根据自己实际情况稍作增减即可获得较为平衡的膳食。超重和肥胖的高血压患者可适当减少谷类和肉类的摄入量以达到减肥的目的。

平衡膳食宝塔建议适合老年人的各种食物参考摄入量

食物名称	能量［约7524千焦（1800千卡）］
谷类	300克/日
蔬菜	400克/日
水果	100克/日
禽肉	300~350克/周
蛋类	3~5个/周
鱼类	250~400克/周
豆类及制品	300~350克/周
脱脂奶	250克/日
油脂	25克/日

2. 吃清淡饮食，限制钠盐摄入

事实上，健康成年人每天钠的需要量仅为200毫克（相当于0.5克盐）。我们日常生活所摄入的钠远远超过这一水平，仅以盐一项计算，1克盐钠含量即为251毫克，1克酱油含钠57.6毫克。由于多数高血压患者或有高血压家族史的个体对钠的摄入很敏感，减少钠的摄入可有效的降低血压，人群中如每日盐减少5克，则血压平均下降0.6

千帕。世界卫生组织（WHO）建议每人每日盐量不超过 6 克，这个标准适合于一般居民。对高血压病患者应控制的更为严格，轻度高血压患者每天盐摄入量应控制在 2~5 克；中度高血压患者每天 1~2 克。含钠较高的食品除调味品（盐、酱油、黄酱、甜面酱、辣椒酱、味精、鸡精、虾酱、鱼露、蚝油）外，还包括咸菜（酱菜、泡菜、腌菜、酱豆腐、韭菜花）、盐渍食品（咸肉、腊肉、腊肠、火腿、咸鱼、海米、虾皮、咸鸭蛋）和熟食品（熟肉制品、豆制品、肉罐头），在食用这类食品时应考虑其中的钠含量，适当减少烹调用盐。

3. 维持营养素摄入的平衡

❶ 增加钙、镁、钾等矿物质摄入量。

钾和钙摄入过低与高血压有关。有易患高血压因素的人，如肥胖者或父母、亲戚有高血压等，其食物中钾过低可以促使高血压的发病。长期以来，人们对钠盐与血压的关系关注较多，而忽视了钾盐对高血压的影响。实际上，钾在高血压病的发生、发展及治疗过程中的作用比钠更重要。人类尿钠、尿钾比值与血压的关系比单纯尿钠排泄量与血压的关系更明显，也就是说，尿钾含量越高，血压越低，这种相关性不受其他因素的影响。钾盐的摄入量应达到3900毫克/天，科学家认为钾、钠为1:1的比率最好。土豆、芋头、茄子、莴笋、生菜、黄瓜、萝卜、白菜、油菜、西瓜、芹菜、蘑菇、海带、紫菜、豌豆、毛豆、橘子、椰子、香蕉、苹果、哈密瓜均含有丰富的钾。

镁主要存在于植物性食物中，绿叶蔬菜、小米、荞麦、豆制品中含有丰富的镁。同时应增加饮食中钙的摄入量，可有效地降低血压。

❷ 调整各种营养素的供给比例，选择饱和脂肪酸含量低的食物。

高血压病人的饮食中，三种主要营养素（碳水化合物、蛋白质和脂肪）所提供热量的比例是十分重要的。这与病人的体重控制有密切的关系。这三种营养素供热量的推荐标准是：碳水化合物提供的热量应占饮食总热量的50%~55%，且主要应采用复合的碳水化合物（主要来源于谷类）；无肾功能损害者蛋白质可占总热量的15%~20%，合并肾功能损害时应减少蛋白质摄入量；脂肪应控制在占总热量的20%~25%。

植物油中的不饱和脂肪酸含量较高，有降胆固醇的作用，因此，烹调中最好用植物油而不用动物油。由于猪、牛、羊肉中饱和脂肪含量较高，高血压病人应减少摄入，而以鱼、禽、脱脂奶、豆制品为蛋白质的主要来源。下列表格中列举了部分动物性食物的能量、蛋白质和脂肪含量，可选择蛋白质含量高、脂肪含量低的食物。

常用动物性食物中的能量、蛋白质、脂肪含量（100克食物）

食物名称	能量 千焦（千卡）	蛋白质 克	脂肪 克
牛奶	226（54）	3.0	3.2
牛肉	443（106）	20.2	2.3
羊肉	494（118）	20.5	3.9
猪肉（瘦）	598（143）	20.3	6.2
猪肉（后臀尖）	1384（331）	14.6	30.8
鸡胸肉	472（133）	19.4	5.0
鸡蛋	577（138）	12.7	11.1

食物名称	能量 千焦（千卡）	蛋白质 克	脂肪 克
鲢鱼	427（102）	17.7	4.9
草鱼	469（112）	16.6	5.2
鲤鱼	456（109）	17.6	4.1
黄花鱼	401（96）	17.7	2.5
带鱼	531（127）	17.7	4.9
基围虾	422（101）	18.3	1.1

❸ 减少胆固醇的摄入量。

膳食胆固醇过高与高胆固醇血症有一定关系，而高脂血症是冠心病的主要危险因素，因此世界卫生组织提出应将胆固醇的摄入量限制在300毫克/日以下，高脂血症及糖尿病人应控制在200毫克以下。

胆固醇主要存在于动物性食物中，尤其是动物脑、肝、肾、肚、肠以及蛋黄等中含量较高。下列表格中列举了部分含胆固醇高的食物，应减少食用。

含胆固醇较高的食物（100克食物）

食物名称	胆固醇含量 （毫克）	食物名称	胆固醇含量 （毫克）
猪脑	2571	鸡蛋	585
蛋黄	1510	猪肾	350
蟹子	985	猪肝	290
干鱿鱼	871	猪肚	140

4. 保持心情轻松愉快

精神因素是有关高血压发病的环境因素中最重要的一条。已知长期反复的过度紧张和精神刺激可诱发高血压。凡从事需要注意力高度集中、精神过度紧张职业的人（如司机、交通警、脑力劳动者等）易患高血压病。因此，要保持乐观情绪，要宽以待人，心情平和愉快。此外，生活要有规律，要有充分的睡眠和休息。

（三）高血压病一周推荐食谱及主要营养素含量

在安排高血压病人的食谱时，每天应摄入 250 克脱脂奶，每周应提供3~5 次豆腐或豆制品，2 或 3 次鱼（淡水鱼和海水鱼均可），芹菜、洋葱、大葱、大蒜、青蒜、蒜苗、木耳、苦瓜、柿子椒等含有降压活性物质，应适当增加其食用量，以达到食疗的目的。

我们为大家安排了一周的食谱，可作参考。

❶ 食谱一

早餐：豆浆250克，鸡蛋1个，馒头50克，拌黄瓜150克。

午餐：米饭100克，肉末豆腐（豆腐150克，肉末50克，油20克，盐2克，郫县豆瓣酱一小勺），素炒苦瓜（苦瓜150克，小尖椒10克，油10克，盐2克），白菜粉丝汤一小碗（白菜100克，粉丝25克）。

晚餐：烙饼100克，芹菜炒熏干（芹菜150克，熏干50克，油15克，盐2克），拌绿豆芽100克。

水果：苹果250克，酸奶250克。

营养成分

能量7414千焦（1772千卡），蛋白质67克，脂肪56克，碳水化合物250克，钾2119毫克，钠2217毫克，钙857毫克，铁21.4毫克，硒39.3微克，视黄醇当量384微克，维生素$B_1$1.1毫克，维生素$B_2$0.9毫克，烟酸9.1毫克，维生素C135毫克，维生素E12.5毫克。

❷ 食谱二

早餐：脱脂牛奶250克，窝头50克，拌芹菜100克。

午餐：米饭100克，焖扁豆（扁豆200克，土豆50克，瘦猪肉50克，大蒜15克，酱油5克，油10克），素炒油麦菜200克。

晚餐：打卤面：面100克，黄花、木耳5克、肉末各15克做面卤，菜码：黄瓜条150克。

水果：香蕉250克。

营养成分

能量7300千焦（1745千卡），蛋白质56克，脂肪44克，碳水化合物282克，钾2480毫克，钠1651毫克，钙574毫克，铁22.9毫克，硒27.8微克，视黄醇当量318微克，维生素B_1 1.2毫克，维生素B_2 0.9毫克，烟酸11.9毫克，维生素C 72毫克，维生素E 8.6毫克。

❸ 食谱三

早餐：脱脂牛奶250克，鸡蛋1个，馒头50克，拌绿豆芽150克。

午餐：米饭100克，肉末豆腐（豆腐150克，肉末50克，油20克，盐2克，郫县豆瓣酱一小勺），素炒苦瓜（苦瓜150克，小尖椒10克，油10克，盐2克），白菜粉丝汤一小碗（白菜100克，粉丝25克）。

晚餐：烙饼100克，芹菜炒熏干（芹菜150克，熏干50克，油15克，盐2克），拌绿豆芽100克。

水果：鸭梨250克。

营养成分

能量6518千焦（1558千卡），蛋白质71克，脂肪37克，碳水化合物234克，钾2051毫克，钠1730毫克，钙776毫克，铁19.3毫克，硒48.2微克，视黄醇当量2291微克，维生素B_1 1.1毫克，维生素B_2 1.4毫克，烟酸16.7毫克，维生素C 188毫克，维生素E 7.7毫克。

❹ 食谱四

早餐：脱脂牛奶250克，鸡蛋1个，馒头50克，拌黄瓜150克。

午餐：米饭100克，素炒西蓝花（西蓝花150克，油10克，盐2克，葱、姜少许），酱牛肉100克，白菜粉丝汤一小碗（白菜100克，粉丝25克，香油少许，盐1克）。

晚餐：烙饼100克，香菇油菜（油菜150克，鲜香菇50克，油10克，盐2克），拌绿豆芽100克。

水果：橘子250克。

营养成分

能量7472千焦（1786千卡），蛋白质70克，脂肪54克，碳水化合物256克，钾2379毫克，钠1987毫克，钙1079毫克，铁21.6毫克，硒46.1微克，视黄醇当量1517微克，维生素B_1 1.2毫克，维生素B_2 1.2毫克，烟酸8.7毫克，维生素C 215毫克，维生素E 20.0毫克。

❺ 食谱五

早餐：豆浆250克，鸡蛋1个，花卷50克，拌菠菜150克。

午餐：米饭100克，素炒蒜蓉荷兰豆（荷兰豆150克，油10克，盐2克，葱10克），清蒸武昌鱼（武昌鱼400克，姜10克，葱10克，盐2克，香油少许）。

晚餐：烙饼100克，炝白菜（圆白菜150克，干辣椒2克，油10克，醋5克，盐2克），拌豆腐（南豆腐200克，小葱20克，虾皮10克），黄瓜汤（黄瓜50克，鸡蛋20克，香菜5克）。

水果：西瓜400克，酸奶250克。

营养成分

能量7154千焦（1710千卡），蛋白质66克，脂肪47克，碳水化合物267克，钾2257毫克，钠1896毫克，钙821毫克，铁21.3毫克，硒40.3微克，视黄醇当量1127微克，维生素B_1 1.1毫克，维生素B_2 1.1毫克，烟酸11.6毫克，维生素C 152毫克，维生素E 12.2毫克。

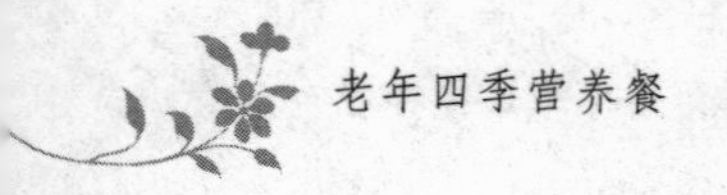

6 食谱六

早餐：脱脂牛奶250克，鸡蛋1个，芝麻火烧50克，拌三丁（黄瓜、胡萝卜、花生各50克，盐1克）。

午餐：米饭100克，蒜蓉豇豆（嫩豇豆150克焯熟切断，蒜蓉15克，香油5克，盐2克，味精少许拌匀），鲫鱼豆腐煲（鲫鱼一尾约300克过油，撇去剩油，入煲加水500毫升、姜5克、葱5克、胡椒5粒、盐2克，文火煮沸后加入豆腐100克，再煮10分钟，起锅前放入适量黄瓜片、香菜即可）。

晚餐：米饭100克，炝蒿子秆（蒿子秆150克，干辣椒2克，油5克，蒜蓉5克，盐2克），紫菜汤（紫菜10克，鸡蛋20克，虾皮10克，香菜5克，盐1克，胡椒2粒）。

水果：猕猴桃150克。

营养成分

能量9066千焦（2167千卡），蛋白质110克，脂肪79克，碳水化合物254克，钾2984毫克，钠2071毫克，钙699毫克，铁26.1毫克，硒76微克，视黄醇当量1021微克，维生素B_1 1.4毫克，维生素B_2 1.0毫克，烟酸30.3毫克，维生素C 221毫克，维生素E 28.0毫克。

❼ 食谱七

早餐：脱脂牛奶250克，包子50克，拌番茄150克。

午餐：米饭100克，蒜苗肉丝（蒜苗150克，瘦肉100克，油10克，郫县豆瓣酱5克，盐2克，味精少许），虎皮尖椒（尖椒100克，油5克，盐2克，醋5克）。

晚餐：八宝粥100克，窝头50克。地三仙（柿子椒、土豆、茄子各50克，油5克，酱油5克），熘鸡片（鸡脯100克，蘑菇100克，油5克，盐2克）。

水果：葡萄200克，酸奶250克。

营养成分

能量8134千焦（1944 千卡），蛋白质80克，脂肪54克，碳水化合物278克，钾3078毫克，钠2096毫克，钙793毫克，铁15毫克，硒44微克， 视黄醇当量615，维生素B_1 2.0毫克，维生素B_2 1.2毫克，烟酸27毫克，维生素C 257毫克，维生素E 10毫克。

（四）高血压食疗方举例

1. 香芹粥

以炒锅放油少许，大蒜、洋葱各15克切碎入锅煸香，将香芹120克连根洗净切碎、大米100克、水适量一并加入煮制成粥，可加适量鸡精、盐调味。

2. 银耳山楂羹

银耳一朵，凉水泡发，山楂50克去核，胡萝卜50克，冰糖适量，熬制成羹当茶点。

3. 混合果蔬汁

莴笋1根，去皮，西芹茎100克，黄瓜1条，西瓜500克，番茄100克榨汁，代茶饮。本方特别适合于食欲较差，无法摄入足够蔬菜的老年人。

三

老年人减肥膳食指导和推荐食谱

（一）老年人减肥的目的

提到减肥，人们常常以为是年轻人的事，事实上多项大型营养与健康状况调查结果显示，城市人口中肥胖患病率最高的人群为45~65岁的中老年人。北京45岁以上居民超重及肥胖的比例超过40%，已经成为主要的公共健康问题。肥胖本身是一种疾病，同时也是许多慢性病的危险因素，它直接影响到人们的寿命。很多前瞻性调查及回顾性调查都证明了这一点。美国一项涉及7.5万受试者的调查显示，体质指数（相对于身高的体重，即BMI）与死亡率呈J型曲线，BMI在20~25千克/米^{2}时死亡率最低，而BMI>30千克/米^{2}时死亡率明显增

加，BMI>40千克/米^{2}时这条曲线急速上升。

肥胖者心脏负担加重、肺活量降低，呼吸浅而快，引起体内气体交换量不足，二氧化碳潴留，使肥胖者感觉疲劳、气短，稍一活动就心慌、气喘、出汗。过度肥胖者常常因缺氧和二氧化碳潴留影响学习和工作效率。肥胖与心、脑血管疾病、高血压、糖尿病、胆囊疾病、骨关节疾病密切相关。肥胖者患冠心病的危险性比体重正常者高5倍，患脑血管疾病的危险性比正常人高3倍。近年来，我国糖尿病的发病率以惊人的速度上升，大城市糖尿病发病率已超过3%。百分之八十新发糖尿病人为超重或肥胖者，尤其是腹部肥胖者患糖尿病的危险更大。约有1/3的60岁以上的肥胖妇女可能患胆囊疾病，为体重正常者患病比例的7倍。

因此，老年人减肥的主要目的是预防和控制慢性非传染性疾病，以达到健康长寿的目的。

（二）成年人肥胖的判断标准

1. 全身性肥胖

肥胖是体内脂肪过多堆积使体重超过正常值的一种状态。以前人们认为肥胖不是病，常常被忽略。目前WHO（世界卫生组织）已明确地将肥胖定义为疾病。流行病学资料证明，肥胖已经成为全球性的公共健康问题。

那么，怎么才能知道自己是否肥胖呢？人们习惯于用体重作为衡量标准。但是单纯以体重来评价是否超重或肥胖是不全面的。因为人的体重为骨骼、肌肉、器官、水分和体脂的总和，一般来讲，身高越高、肌肉越发达，体重也越重。营养学界普遍采用体质指数（BMI）作为评价是否肥胖的指标，以消除身高对判断肥胖的干扰，其计算公式为：

$$体质指数（BMI）=\frac{体重（千克）}{身高（米）^2}$$

肥胖判断标准有两种：

❶ WHO推荐标准。

BMI<18.5为消瘦，BMI为18.5~24.9为正常，BMI为25.0－29.9为超重，BMI≥30为肥胖。目前世界上大多数国家都采用WHO推荐标准作为判断肥胖的标准。

由于中国人体形比欧美人小，流行病学调查表明我国居民BMI超过24时，心脑血管病、糖尿病的发病率已经明显增加，说明这一标准不适合中国人。

2000年，我们根据中国人的实际情况进行研究，根据研究结果提出了肥胖的判断标准。

❷ 中国判断标准。

BMI<18.5消瘦，BMI为18.5~23.9正常，BMI为24~27超重，BMI≥28为肥胖。

这种方法由于不需要特定的设备和条件，除肌肉特别发达的运动员外，对大多数成年人均适合，因此很方便在人群中推广使用。

2. 腹部肥胖

人们常常发现，有些人体重并不超重，但是却大腹便便，这种体形是由于脂肪积累在内脏和腹壁引起向心性肥胖。这种体形与遗传、年龄和体力活动有密切的关系。腹部肥胖的诊断指标为腰围（WC）、臀围（HC）及腰/臀比值（WHR，即在空腹状态下测量肚脐平面腰围及臀部最大围并计算腰/臀比值）。

判断标准：男性WC＞85厘米或WHR＞0.85，女性WC＞80厘米或WHR＞0.80时即可认为其为腹部肥胖者。

（三）单纯性肥胖的原因

1. 长期能量摄入过剩

人类摄入的各种食物最终都将转化为六大类营养素为人体所吸收，即：蛋白质、脂肪、碳水化合物、维生素、矿物质和水。人体是一台高速运转的机器，需要从食物中获得能量来维持体温、心跳、呼吸、消化、排泄等生命体征，并维持日常生活、学习、运动。这些能量来源于碳水化合物、蛋白质、脂肪三大营养素。能量密度较大的食物包括动植物油、肉类食物及其制品、谷类食物及其制品。

脂肪是人体的能源库，当摄入的能量少于消耗的能量时，人体就会动用体脂肪、肝糖原、肌糖原等储备能量，因此体重会减轻。长期能量摄入严重不足时则可消耗肌肉供能。反之，当摄入的能量过高而消耗少，多余的能量就会储存在体内，其中糖类、蛋白质在体内储存量是有限的，大部分多余的能量以脂肪的形式储存起来，引起肥胖。这一过程可以简单地表述为：

能量摄入=消耗　总平衡，体重不变

能量摄入＞消耗　正平衡，体重增加

能量摄入＜消耗　负平衡，体重减轻

1992年全国营养调查显示，我国居民膳食结构发生了很大的变化，谷类食物的消耗量明显降低，肉类、烹调油的消耗量大大增加，北京、上海等大城市居民膳食脂肪热量占膳食总热量的比例超过30%。脂肪的能量密度远高于其他的营养素，为碳水化合物的2 倍。因此高脂膳食是导致肥胖发生的因素之一。

2. 能量消耗减少

食物提供包括基础代谢、生长发育及组织更新、体力活动在内的一切能量需求。成年人不再生长发育，基础代谢较为恒定，能量需求的多少主要取决于体力活动的强弱。近年来，由于生活、居住、工作及交通条件的改善，人们的劳动强度普遍降低。体力活动的不足是我国居民肥胖发病率迅速上升的主要原因之一。

人到老年新陈代谢开始减慢，各内脏器官的生理功能逐渐减退，身体对能量的需求也随之减少。如果仍然保持中青年时的进食量，能量的摄入必然大于支出，造成脂肪的积累而引起肥胖。

3. 大脑控制食欲作用失常

人大脑中的丘脑下部有食欲中枢和饱食中枢，二者之间有神经纤维相连。所以，当丘脑下部患某些疾病使食欲控制失常时，人就会失去饱腹感而过食，引起肥胖。人的情绪变化也会影响食欲，有些人高兴或生气时会不自觉地大量进食来宣泄情绪。

4. 饮食习惯、不良嗜好

肥胖与饮食习惯有密切的关系。喜欢吃甜食和油腻食物者；喜欢吃细软食物及不愿吃高纤维食物者；两餐之间喜欢吃零食者以及进餐速度过快者肥胖的发生率也较高。

酒精产能量较高，经常大量饮酒者易发生肥胖。

（四）老年人的减肥推荐食谱及主要营养素含量

当成年人BMI>24.0就应注意饮食调整，控制体重，达到预防高血压、冠心病、糖尿病等慢性病的目的。

老年人减肥的速度不宜过快，以每月减体重0.5~1千克为宜。为了达到减体重的目的，膳食供给的能量必须低于机体实际消耗量，以造成能量的负平衡，促使机体消耗体内储存的脂肪。肥胖症患者（BMI>28.0）每日热能摄入一般控制在4184~6276千焦（1000~1500千卡）为宜。当摄入能量超过6276千焦（1500千卡）时难以达到减肥目的，低于4184千焦（1000千卡）时，不但饥饿感难于忍受，而且减重过速容易导致整个代谢系统的紊乱，对机体不利。因此我们列举了6276千焦 （1500千卡）、5439千焦（1300千卡）和4184千焦（1000千卡）三种能量水平的减肥食谱，按“三餐一点”的要求供大家选

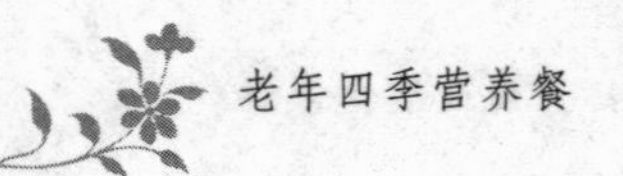

用，使用时应由高能量到低能量逐渐过渡。

❶ **减肥食谱一（能量6192千焦）**

早餐：豆浆250克，馒头35克，酱猪肝50克

茶点：麦麸饼干20克，绿茶1杯

午餐：大米饭100克，炒胡萝卜（胡萝卜100克，油5克），酱牛肉50克，拌豆芽（绿豆芽100克，香油3克），白菜汤（白菜100克，虾皮10克）

晚餐：米饭100克，笋干烧肉（笋干25克，瘦猪肉40克，油4克），芹菜炒熏干（芹菜30克，熏干30克，油4克），菠菜汤（菠菜100克）

营养成分

能量6192千焦（1480千卡），蛋白质77.5克，碳水化合物193.4克，脂肪46.2，膳食纤维7.8克，胆固醇307毫克，钙714毫克，铁45.9毫克

❷ 减肥食谱二（能量5430千焦）

早餐：米粥（大米10克），馒头35克，黄豆50克

茶点：麦麸饼干20克，绿茶1杯

午餐：大米饭60克，酱猪肝50克，炒洋葱（洋葱200克，油5克），拌豆腐（豆腐100克，香油2克），冬瓜汤（冬瓜40克，海带5克）

晚餐：米饭50克，莴笋肉（莴笋40克，油3克），炒肉片（瘦猪肉30克，油3克），小白菜汤（小白菜100克）

营养成分

能量5430千焦（1298千卡），蛋白质65.2克，碳水化合物167.8克，脂肪40.8，膳食纤维10.6克，胆固醇214毫克，钙778毫克，铁31.8毫克

❸ 减肥食谱三（4182千焦）

早餐：豆浆250克，蒸南瓜300克

茶点：麦麸饼干20克，绿茶1杯

午餐：豆米饭（米35克，饭豆25克），空心菜炒豆干（空心菜100克，豆干35克，油3克），黄瓜炒肉片（黄瓜125克，瘦肉30克，油3克），小白菜汤（小白菜100克，虾皮5克）

晚餐：红豆粥（米20克，红小豆12克），拌三丝（黄瓜150克，豆腐丝25克，海带10克，香油3克），酱猪肝50克

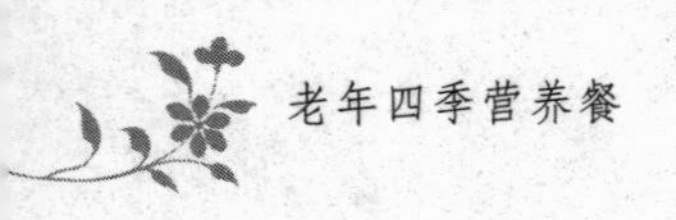

营养成分

能量4182千焦（1000千卡），蛋白质63.8克，碳水化合物114.5克，脂肪31.8，膳食纤维10克，胆固醇238毫克，钙798毫克，铁54.5毫克

为了便于老年朋友们合理配餐，我们将可提供418千焦（100千卡）能量的各种食物量列于表中。

可提供418千焦（100千卡）能量的各种食物及量

	食物名称	每份重/克
高碳水化合物食物	蔗糖、糖果	25
	米、面、饼干、干杂豆、粉丝、干粉皮、薯干、干果、白酒	23
	馒头、火烧、烙饼、面包、切面	40
	慈姑、百合、鲜枣、山楂、海棠	100
	土豆、芋头、荸荠、藕、苹果、香蕉	125
	山药、梨、鲜荔枝、啤酒	150
	广柑、蜜橘、葡萄、柿子、桃、李	200
高脂肪食物	食油	11
	花生米、核桃仁、杏仁、芝麻酱	15
	五花肉、火腿、干奶酪	30

	食物名称	每份重/克
优质蛋白类食物	大豆、大豆粉、腐竹、油豆腐、鸡肉	25
	淡奶粉、肉松、牛肉干	30
	酱牛肉	40
	羊肉	45
	毛豆米、千张、豆腐干、腐乳、精肉、心、肝、胰、全蛋	63
	瘦猪肉	70
优质蛋白类食物	禽肉、胗子、肚、肺、腰子、兔肉	100
	豆腐、黄豆芽	125
	鲜乳、酸乳	150
	豆浆、豆腐脑	200
	鱼、虾、蟹、贝	250
低能量（高维生素和矿物质）食品	蒜苗	250
	胡萝卜、洋葱、蒜头、香椿	300
	香菜、萝卜、茭白、春笋	400
	鲜豆荚、空心菜、韭菜、油菜、圆白菜、荠菜、大葱、青蒜、	500
	冬笋、丝瓜、倭瓜、西瓜、辣椒 鲜蘑、小白菜、菠菜、莴笋、生菜、芹菜、黄瓜、南瓜、冬瓜、西葫芦、苦瓜、茄子、番茄、绿豆芽等	1000

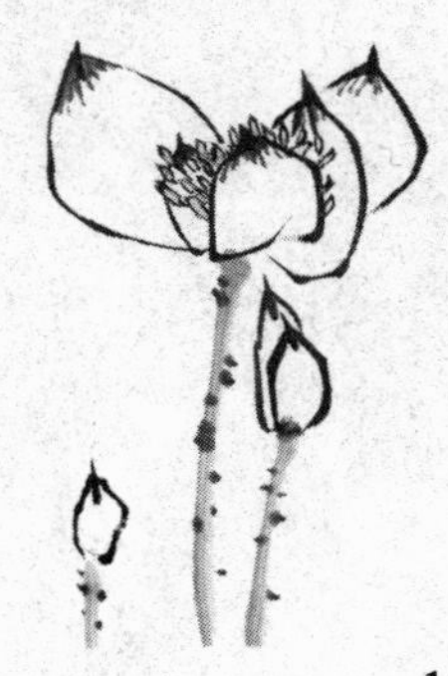

（五）减肥过程中应注意的问题

1. 调整营养素的比例

应采取高蛋白质、低碳水化合物和低脂肪饮食。因为，随着总热量摄入的降低，机体消耗脂肪组织的同时，将消耗一部分功能性组织和储备的蛋白质，并且由于热能的不足也可对体内蛋白质的生物合成产生一定的影响，所以：

❶ 必须供给较充分的蛋白质，尤其应吃些含优质蛋白质的食物，如瘦肉（包括家禽、水产品）、蛋类、乳类或黄豆及黄豆制品，最好每日能有50克瘦肉，50克豆制品和1个鸡蛋。

❷ 忌食糖果及含糖食品，适当减少碳水化合物的进食量，主食量一般每日控制在250克以下，但不宜低于100克。

❸ 禁止饮酒，少吃脂肪尤其动物性脂肪。饮食中的脂肪包括烹调用油各类食物中所含的脂肪。每日烹调用油要限制在10~15克，少用或忌用含油脂多的肥肉（如肥猪、牛、羊肉、肥鸡）、奶油、黄油、巧克力以及花生、核桃、瓜子等干果。为了限制烹调用油，食物的烹制以煮、炖、拌、烩、蒸为主，少用油煎炸。

2. 增加富含纤维的食品

多食用一些新鲜蔬菜和粗杂粮等纤维丰富的食物，以增加食物的体积，减少饥饿感，同时对降低血脂和改善糖代谢有重要意义。每日膳食中一定要有足够的新鲜蔬菜，应不少于500克。

3. 保证矿物质和维生素的充分供应

各种维生素、矿物质及微量元素对维持正常代谢、调节生理功能和机体免疫具有重要作用，不能因限制饮食和热能摄取而影响它们的供给和平衡。

（六）老年人运动减肥建议

除了控制饮食、减少能量摄入，在原有基础上增加体力活动、促进能量消耗是成功减肥的一个重要组成部分。如果计划每月减肥1千克，需要每天亏空能量1130千焦（270千卡），为了达到这一目标，除每天应减少418千焦~627千焦（100千卡~150千卡）能量的摄入（相当于50~75克粮食产生的能量），还应通过增加运动多消耗418千焦~627千焦（100千卡~150千卡）能量。我们列出几种有氧运动30分钟消耗的能量。老年朋友可以根据自己的爱好，为自己设计一套运动方案，在原有基础上增加：太极拳20分钟，散步20分钟、健身器运动20分钟即可。要提醒大家的是，无论选择哪种运动处方，都应达到要求的强度和运动的时间。

各种运动和体力活动30分钟的能量消耗

运动项目	活动30分钟的 能量消耗/千焦（千卡）
静坐、看电视、看书、聊天、写字、玩牌	125~167（30~40）
轻家务活动：编织、缝纫、清洗餐具、清扫房间、做饭、陪孩子玩	167~293（40~70）
散步、跳舞（慢）、广播体操、骑车（慢）	418（100）
快速行走、乒乓球、游泳（慢）、骑车（中速）	502~732（120~175）
羽毛球、排球、太极拳、陪孩子玩（走、跑）	627（150）
擦地板、网球	752（180）
爬山、慢跑、滑冰、跳绳、仰卧起坐	836~1045（200~250）
上楼，跑步（快）、游泳（中速）	1254（300）

四

老年缺铁性贫血的膳食指导和推荐食谱

贫血是指各种原因引起血液中红细胞的数量减少和血红蛋白浓度低，使血液变稀变淡。贫血是一种症状，多种疾病都可能伴有贫血症状，如血液系统疾病、感染性疾病、肿瘤、出血（外伤、痔疮、溃疡、妇科疾病）均可引起贫血，称为继发性贫血。以贫血为主要表现

的疾病有：再生障碍性贫血、缺铁性贫血、巨幼细胞性贫血、溶血和失血性贫血。中老年人的贫血多为缺铁性贫血和巨幼细胞性贫血。

继发性贫血患者应当针对病因有的放矢地进行施治，不宜盲目应用补血药物。同时，注意饮食调养对预防和治疗贫血具有良好的效果。

下面主要介绍缺铁性贫血的饮食选择。

（一）缺铁性贫血食物选择原则

缺铁性贫血患者的饮食调养原则是提供足够的造血原料，逐渐使血液中的红细胞和血红蛋白恢复正常。与红细胞、血红蛋白的制造和红细胞的生长发育有密切相关的物质，主要有蛋白质、铁、维生素B_{12}、叶酸和少量的铜。

1. 注意补充含铁食物

缺铁性贫血是临床上较常见的一种贫血。中老年人不论是钩虫性肠道出血、上消化道反复多次出血、多年痔疮出血等均会导致长期铁的损失而引起缺铁性贫血，因此，应多食用含铁质丰富的食物。

食物中的铁有两种来源，即肉类中的血红蛋白铁和蔬菜中的非血红蛋白铁（离子铁）。肉类、鱼类、家禽中的铁40%能被吸收；蛋类、谷类、硬果类、豆类和其他蔬菜中的铁能被人体吸收的不到10%，而菠菜中的铁只能吸收2%左右。因此，补铁应多选用富含血红蛋白铁的肉类，如鸡肉、鱼类等动物性食品。并应注意如何提高铁的吸收率，如注意荤素食品的搭配可提高铁的吸收率；经过发酵的粮食也能提高铁的吸收率，如馒头、发糕等。含铁丰富的食物有动物肝

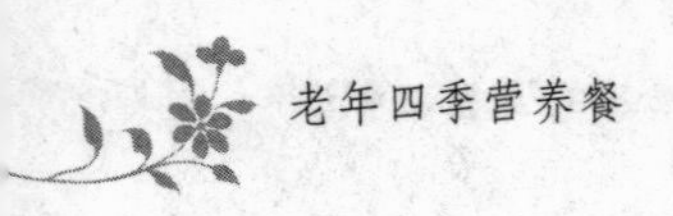

脏、肾、舌，其他如鸭胗、乌贼、海蜇、虾米、蛋黄等动物性食品，以及芝麻、海带、黑木耳、紫菜、香菇、黄豆、黑豆、腐竹、红腐乳、芹菜、荠菜、大枣、葵花子、核桃仁等植物性食品。凡患有缺铁性贫血的人可以经常选择食用这些食物。

2. 增加维生素C摄入

维生素C能促进蔬菜中非血红蛋白铁的吸收。若食用富含铁的蔬菜同时摄入富含维生素C的柠檬汁、橘子汁，就能使人体对蔬菜中铁的吸收率增加2～3倍。如果补充铁制剂，也应和维生素C同时服用。

3. 注意选用富含叶酸及维生素B_{12}的食物

这两种物质都是红细胞发育不可缺乏的物质。因此，应多吃含维生素B_{12}和叶酸的食物，动物性蛋白如肝、肾、瘦肉等均含有丰富的维生素B_{12}；叶酸则多存在于绿叶蔬菜茶中，平时只要注意多吃动物蛋白和绿叶蔬菜，适当喝茶，就可以提供身体所需要的维生素B_{12}和叶酸。

4. 选择高蛋白饮食

蛋白质是合成血红蛋白的原料，高蛋白饮食一方面可促进铁的吸收，另一方面也是人体合成血红蛋白所必需的物质，因此患有贫血的中老年人，在饮食中应多增加些生理价值高的蛋白质食物，如牛奶、蛋黄、瘦肉、鱼虾、豆类及豆制品等。每日进食分量以80克左右为宜。

5. 适量脂肪摄入

脂肪摄入以每日50克左右为宜。脂肪不可摄入过多，否则会使消化吸收功能降低及抑制造血机能。

6. 适量碳水化合物摄入

碳水化合物摄入量每日以400克左右为宜。

7. 纠正不良的饮食习惯

长期偏食和素食的人，要进行纠正，使自已改变饮食习惯，以保证铁和各种营养的摄入。

8. 不宜饮茶和咖啡

限制含鞣酸高的食物，如咖啡中的咖啡因等，均能减少食物中铁的吸收。茶叶中的磷酸盐和鞣酸也能与铁结合成不易溶解的复合物，使铁的吸收明显减少。因此，在饮食中，特别是在食用补铁饮食时，不宜饮茶和咖啡，更不能饮浓茶。

9. 其他

贫血患者往往由于缺乏胃酸而影响铁质在胃中的消化和吸收。因此，要注意为胃提供酸性环境，如多吃些酸牛奶、酸菜和醋等。

由于中老年贫血患者多有食欲不振，胃肠消化功能较差等现象，因此，在烹调食物方面应多下些功夫，尽量使食物的色、香、味、形俱佳，以增进食欲。

牙齿不好、消化功能较差的贫血患者，还可以把食物加工成肝

泥、肉末等好消化的形态，或进食肉汤、蛋羹、豆腐脑、菜泥、果汁等好消化的流食、半流食，这样吃后就容易消化和吸收了。

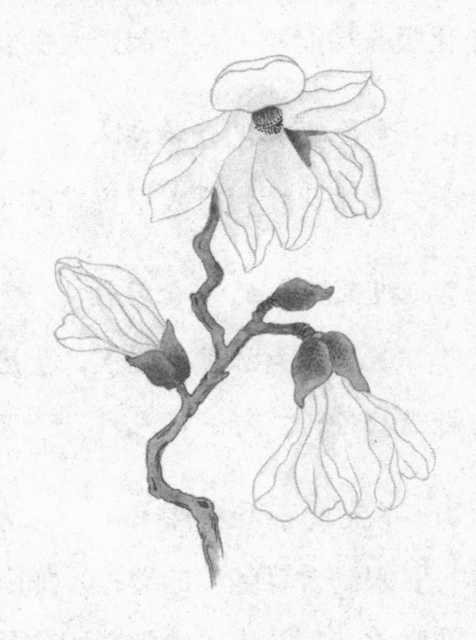

（二）缺铁性贫血食谱举例

❶ 食谱举例一

早餐：面包50克，小米稀饭（小米50克），五香蛋1个（鸡蛋50克），咸菜10克。

午餐：大米饭150克，牛肉丸子（牛肉50克、黄瓜50克），炒小白菜（小白菜100克、瘦猪肉30克）。

晚餐：大米饭100克，菠菜炒猪肝（猪肝100克、菠菜100克），木耳白菜（木耳20克、白菜50克）。

全日烹调用油25克。

❷ 食谱举例二

早餐：豆浆250克，花卷（面粉100克），五香蛋1个。

午餐：大米饭1碗，牛肉丸子100克，鸡蛋紫菜汤1碗，青菜100克。

加餐：红枣木耳汤（红枣50克，黑木耳5克），苹果100克。

晚餐：米饭1碗，猪肝150克，菠菜150克。

❸ 食谱举例三

早餐：牛奶250克，麻酱卷1个，煮鸡蛋1个，芹菜拌花生（花生25克，芹菜50克）。

午餐：米饭1碗，酱猪蹄 300克，番茄鸡蛋汤1碗，木耳炒油菜150克。

晚餐：米粥1碗，红枣发糕1个，酱猪肝100克。

❹ 食谱举例四

早餐：红豆小米粥1碗，豆沙包2个，牛奶250克，拌黄瓜100克。

午餐：米饭1碗，炖排骨（排骨200克、海带50克），香菇菜心（香菇75克，油菜心100克）。

晚餐：米粥1碗，馒头（面粉100克），肉末菜花（肉末50克，菜花50克），烩红白豆腐（豆腐100克，血豆腐50克）。

❺ 食谱举例五

早餐：米粥1碗，馒头（面粉100克），咸鸭蛋1个（60克）。

加餐：牛奶220克。

午餐：鸡汤挂面（挂面150克），当归炖母鸡（当归5克，母鸡150克），番茄炒鸡蛋（番茄150克，鸡蛋50克）。

加餐：水果羹（橘子100克，藕粉10克，糖10克）。

晚餐：米饭1碗，红烧鲫鱼150克，棒骨菠菜汤100克。

❻ 食谱举例六

早餐：红枣莲子粥（大米25克，莲子10克，红枣5枚），牛奶250克，果酱包（面粉100克，果酱15克）。

午餐：米饭（大米150克），红枣乌鸡汤（红枣10枚，乌鸡肉150克），烩口蘑菜心（口蘑50克，菜心100克）。

加餐：橙子150克。

晚餐：大米粥（大米25克），麻酱蒸饼（面粉100克，麻酱25克），炖腔骨白萝卜汤（腔骨500克，白萝卜150克），肉丝香菇（肉丝50克，香菇丝30克），炒菠菜250克。

下列表格中列举了部分含铁丰富的食物，供大家参考。

含铁丰富的食物（每100克食物）

食物类	铁/毫克	食物类	铁/毫克
鸭肝	35.1	木耳（干）	97.4
猪肝	22.6	紫菜（干）	54.9
腐竹	16.5	西瓜子（炒）	8.2
鸡肝	12	绿豆	6.5
豆腐丝	9.1	苋菜（青）	5.4
猪血	8.7	素鸡	5.3
黄豆	8.2	豆腐干	4.9
羊肝	7.5	莴笋叶	4.9
赤小豆	7.4	豌豆苗	4.2
贻贝（鲜）	6.7	玉兰片	3.6
猪腰子	6.1	蚕豆	3.5
香肠	5.8	毛豆	3.5
油豆腐	5.2	雪里蕻（叶用芥菜）	3.2
海蜇头	5.1	茼蒿	3.0
羊肉（瘦）	3.9	香菜	2.9
鸭蛋（咸）	3.6	菠菜（赤根菜）	2.9
猪肉（瘦）	3.9	核桃（干）	2.7
牛肉（瘦）	2.8	枣（干）	2.3
红皮鸡蛋	2.3	花生仁	2.1

五

老年缺钙的膳食指导和推荐食谱

（一）钙与骨骼、身体健康

钙是人体内含量最丰富的无机元素，约为体重的1.5%～2%，总量超过1千克，有人体“生命元素”的美誉。

1. 钙与骨骼的健康

人体内的钙99%存在于骨骼和牙齿中，钙促进骨骼和牙齿的生长发育，维持其形态与硬度，并与磷共同组成人体的支架，同时作为人体内钙的储存库，当机体缺钙时，就会动用骨骼里的钙。其余1%的钙分布在血液和各种软组织中，称为混合钙池，与骨骼钙保持动态平衡，在体内发挥极为重要的生理作用。

老年人的钙吸收下降，人体处于负钙平衡，骨量下降，骨转换增加，即骨形成和骨吸收均增加，但骨吸收大于骨形成，骨形成跟不上骨吸收的速度，影响骨胶原的成熟、转化和骨矿物化，严重的后果就是——骨质疏松症。尤其绝经后的老年女性由于雌激素水平的迅速下降，骨代谢负平衡加重，因而会出现骨的快速丢失，所以绝经后妇女容易发生压缩性骨折和腕部骨折。

随着年龄的增加，钙质的丢失是一种普遍存在的现象，目前还没有一个办法能使丧失的骨质回复。最好、最重要的预防措施是在年轻

时获得最高的峰值骨量，进入中年以后，注意膳食钙的摄入。根据中国营养学会提出的“膳食钙参考摄入量”，我国50岁以上中老年居民适宜的膳食钙摄入量为一天1000毫克。1992年进行的全国营养调查结果显示，我国老年居民人均钙摄入量还没有达到该量的50%。许多研究还提示老年妇女钙的摄入量应为正常人的1.5倍，即1500毫克左右。膳食钙摄入难以达到上述要求者，可补充钙剂。

2. 钙调节生理机能的作用

人体内另外1%的钙存在于血液和软组织细胞中，发挥调节生理功能的作用。钙离子的生理作用主要包括以下几方面：

❶钙离子对血液凝固有重要作用。人体极度缺钙时，血凝发生障碍，人会出现牙龈出血、皮下出血点、尿血、呕血等症状。

❷钙离子对神经、肌肉的兴奋和神经冲动的传导有重要作用。缺钙时人体会出现神经传导阻滞和肌张力异常等症状。

❸钙离子对细胞的黏着、细胞膜功能的维持有重要作用。细胞膜是各种必需营养物质和氧气进入细胞的载体，正常含量的钙离子能保证细胞膜顺利地把营养物质“泵”到细胞内。

❹钙离子对人体内的酶反应有激活作用。大家都知道，酶是人体各种物质代谢过程的催化剂，是人体一种重要的生命物质，钙严重缺乏会影响人的正常的生理代谢过程。

❺钙离子对人体内分泌腺激素的分泌有决定性作用，对维持循环、呼吸、消化、泌尿、神经、内分泌、生殖等系统器官的功能至关重要。

（二）钙的食物来源

可以说生命中的一切运动都不能没有钙。它既是身体的构造者，又是身体的调节者，是我们人体的生命之源。老年人缺乏这种重要的元素则会引起一些疾病，除软骨病、骨质疏松外，一些慢性非传染性疾病，如原发性高血压病、糖尿病等也与钙缺乏有关。

钙最好又经济、安全的补充途径是通过食物摄取，老年人尤其要增加奶、奶制品和豆及豆制品的摄入。

牛奶含钙量很高，每100克含钙100毫克左右，且吸收率高，还可摄入优质蛋白质、维生素和微量元素，有利于改善人的整体营养状况。

豆制品含钙也较高，豆腐以及其他大豆制品营养丰富，价格便宜，能补充人体需要的优质蛋白质、卵磷脂、亚油酸、维生素B_1、维生素E、钙、铁等。豆腐中还含有多种皂角苷，能阻止过氧化脂质的产生，从而抑制脂肪吸收，促进脂肪分解；而且大豆蛋白不会引起人体的尿钙排出增加，大豆所含的异黄酮类物质还有防治骨质疏松的作用。

老年人在保证每日进食含钙丰富食物的同时，可补充一些维生素D，并注意多晒太阳，适量运动，以利于钙的吸收。

日常生活中有许多食物含钙丰富。

1. 奶类与奶制品

100克食物中含钙量（/毫克）：

全脂奶粉	676	鲜牛奶	104
奶酪	799	酸奶	146

2. 豆类及豆制品

100克食物中含钙量（/毫克）：

大豆	191	豆腐干	308
北豆腐	138	臭干	720
南豆腐	116	豆腐丝	204

此外，其他豆类如青豆、黑豆、豌豆、芸豆以及腐竹、腐乳、豆腐脑等其他豆制品的含钙量都很高，但豆浆的含钙量并不高，每100克含钙10毫克左右，只有牛奶的十分之一。

3. 水产品

100克食物中含钙量（/毫克）：

虾皮	991	海参	285
虾米（海米）	555	紫菜	264
草虾	403	泥鳅	299
海带	348	鲮鱼罐头	598

此外，各种海鱼、螺蛳、蚌肉等的含钙量都很高。

4. 坚果类

100克食物中含钙量（／毫克）：

炒松子	161	芝麻酱	1170
榛子	815	茶叶	300～450
干木耳	247	杏脯（李广杏）	397
炒花生仁	284	鲜口蘑（白蘑）	169

5. 深绿色蔬菜

每100克蔬菜中含钙量大于100毫克的有：金针菜、葱头、茴香、菠菜、萝卜缨、苜蓿、荠菜、油菜、雪里蕻、苋菜、香菜、蛇豆、大头菜等。另外西蓝花、甘蓝菜等绿色蔬菜不但含钙丰富，而且草酸含量少，也是钙的良好来源。

对一些不能通过膳食摄入足够的钙的人来说，适量补充钙制剂是有益的。一般认为，老年人每天钙的总摄入在1000毫克左右是适宜的。钙剂的效果取决于它的含钙量，并也并非含钙量越多越好，如果老年人钙的总摄入量达到或超过2000毫克／日，很可能会引起一些副作用，比如产生肾结石；软组织可能出现钙化；铁、锌、镁等必需矿物质的吸收利用率降低等。

钙制剂的多样化为预防钙缺乏病提供了可靠保证，老年朋友最好在专业人员指导下，根据自己的实际情况进行合理选择。按效果价格比选择，碳酸钙类制剂的含钙量高，副作用较少，不失为一种较好的钙源。

（三）高钙食谱推荐

1 拌三色豆腐干

原料｜白豆腐干150克，韭菜薹70克，红辣椒15克，香油、酱油、盐、味精各少许。

制作｜❶将豆腐干先切成片后切成丝，用开水烫一下，捞出沥干水分。❷将红辣椒去籽，洗净，切成细丝；韭菜薹切成段，与辣椒丝放在一起，用开水烫一下，捞出沥干水分。❸将豆腐干丝、韭菜薹段、红辣椒丝放入盘内，加上酱油、盐、味精、香油拌匀即成。

2 雪里蕻肉丝毛豆

原料｜毛豆200克，雪里蕻50克，猪瘦肉50克，糖、味精，盐各适量。

制作｜❶毛豆去豆荚，雪里蕻洗净切碎，猪瘦肉切成丝。❷炒锅置火上，烧热后放入油15克，待油热后放肉丝炒至七成熟，倒入雪里蕻翻炒，加少许水，炒至水分收干盛出。❸炒锅烧热，加油10克，热后下毛豆煸炒，加少许盐和糖再炒，放入咸菜、肉丝、味精翻炒均匀即可出锅。

3 鲜豆腐皮炒蟹肉

原料｜新鲜豆腐皮2张、净蟹肉200克、鸡汤1小碗、盐、水淀粉、鸡油、料酒各适量。

制作｜❶将豆腐皮切碎。❷炒锅上火，下鸡油化开，下入豆腐皮和蟹肉，加入鸡汤、盐、料酒一起炒，蟹肉熟后放水淀粉勾薄芡即好。

4 五彩肉丝

原料｜猪通脊肉200克，熟鹌鹑蛋10个，青椒、胡萝卜、香菇各20克，油菜叶10片，盐、料酒、姜汁、味精、鸡蛋清（1个）、清汤、水淀粉、淀粉各适量。

制作｜❶将肉切成5厘米长的丝，加入盐、蛋清、淀粉上浆。❷青椒、香菇、胡萝卜洗净，均切成肉丝一样的丝；油菜叶焯熟；将料酒、姜汁、盐、味精、水淀粉对成芡汁。❸锅内放油烧至五成热，下入浆好的肉丝炒至八成熟，投入其他菜丝煸炒，加入对好的芡汁翻炒后，盛入油菜叶铺底的盘中，鹌鹑蛋去皮摆在菜上即可。

5 合菜盖被

原料｜猪肉150克，黄豆芽150克，菠菜100克，泡好的粉丝100克，盐、料酒、姜汁、味精、葱丝、酱油各适量。

制作｜❶猪肉切成 3 厘米长的丝，黄豆芽去两头洗净，菠菜择好洗净切寸段，粉丝煮熟码在盘中。❷炒锅放底油烧热，投入肉丝煸炒，放入葱丝炒出香味，放入黄豆芽旺火烹炒，倒入酱油、盐、料酒、姜汁、味精，放菠菜粉丝翻炒，淋少许明油出锅。

6 西蓝花炒牛肉

原料｜西蓝花300克，牛肉150克，胡萝卜50克，姜数片，蒜泥、料酒、生抽、淀粉、糖、植物油各适量，水200毫升。

制作｜❶西蓝花用盐水洗净，切成小朵，用盐水灼；胡萝卜切片备用。❷牛肉切薄片，加入生抽、淀粉、糖、少许油抓匀腌10分钟。❸炒锅上火，热后放入植物油，爆香蒜泥，加入姜片，胡萝卜片，将牛肉回锅加料酒煸炒，加入西蓝花炒匀即可。

7 排骨炖海带

原料｜猪肋排骨250克，水发海带250克，香菜梗10克，盐、味精、花椒水、葱姜，肉汤，植物油适量。

制作｜❶把肋排骨剁成5厘米长的段，放入沸水中烫一下；海带切成菱形块；香菜梗切成小段；葱、姜切成块，姜块用刀拍一下。❷炒锅内放入少量植物油，油烧热时放入葱，姜块炸锅，再放入海带煸炒至半熟，添肉汤，加排骨，盐，花椒水烧开。❸移至小火上炖烂，取出葱，姜块，加上味精，香菜梗，盛在碗内即成。

8 芦笋腰果鸡丁

原料｜鸡肉丝200克，芦笋粒50克，西芹粒50克，炸腰果50克，海鲜酱油2汤匙，特级蚝油1汤匙。

制作｜❶将芦笋粒及西芹粒放在沸水中稍勺，沥干。❷烧热油2汤匙，加入鸡丝炒熟。❸加入芦笋、西芹、海鲜酱油和蚝油及炸好的腰果炒匀即成。

9 炒素什锦

原料｜水发香菇、黄瓜、胡萝卜、番茄、西蓝花、玉米笋、清水马蹄，莴笋，紫甘蓝各50克，盐、味精、姜汁、水淀粉、胡椒粉、鸡汤各适量。

制作｜❶香菇去蒂切成丁；黄瓜、胡萝卜均切成2厘米长的小段；番茄去籽切菱形片；西蓝花掰成小朵；玉米笋斜切段；马蹄、莴笋、紫甘蓝均切块。❷全部主配料用开水焯一遍。❸起锅放少许油，烧热，投入全部主配料，加入鸡汤及盐、味精、姜汁、胡椒粉翻炒，用水淀粉勾芡，淋明油出锅。

10 螺蛳炒肉

原料｜螺蛳肉150克，猪肉100克，青椒、胡萝卜、冬笋各30克，蒜茸、盐、味精、酱油、料酒、水淀粉、香油各适量。

制作｜❶螺蛳肉用开水焯好，猪肉切丝用淀粉上浆。❷起锅放油烧热，下猪肉丝滑散，爆香蒜茸，下螺蛳肉爆炒至熟，加入青椒、胡萝卜、冬笋等配料及盐、酱油、料酒、味精、香油翻炒，肉熟出锅。

11 豉椒肉丝

原料｜瘦猪肉200克，青椒50克，冬笋50克，豆豉30克，鸡蛋清20克，酱油、料酒、盐、味精、干辣椒、葱段、水淀粉、鸡汤各适量。

制作｜❶将猪肉切丝，加酱油、料酒、鸡蛋清、水淀粉上浆；冬笋、青椒切丝，干辣椒切末，豆豉洗净切碎。❷起锅放油烧七成热，将肉炒散；冬笋丝用开水焯好。❸锅留底油，下入豆豉、辣椒末、葱段炒

香，投入冬笋丝、肉丝，加入料酒、盐、味精、酱油、鸡汤，炒熟主料用水淀粉勾芡，投入青椒丝翻炒，淋明油出锅即可。

12 糖醋酥黄豆

原料｜干黄豆250克，泡辣椒10克，糖20克，醋30克，香油、葱白、蒜瓣各适量。

制作｜❶将葱切末；蒜瓣拍碎；泡辣椒切碎；黄豆洗净，泡涨后沥去水分待用。❷将油锅烧热，倒入黄豆，炸熟捞出，沥净余油，放入盘中。❸锅底留油，爆香葱、蒜，用糖、醋、泡椒、香油炒成味汁，浇在黄豆上拌匀即可食用。

13 腐皮肉卷

原料｜豆腐皮3张，瘦肉200克，盐、味精、糖、葱段、姜、肉汤、料酒、姜末、面粉、香油各适量。

制作｜❶将猪肉洗净，用刀剁成细茸，加适量的清水，放入盐、料酒、味精和姜末，搅拌成肉馅。将面粉加适量水调成稀面糊。❷将豆腐皮铺在菜板上，放入肉馅铺平后卷成粗条形，边缘用稀面糊封口。❸炒锅上火，放入花生油，烧至七成热，将肉卷放入炸熟，倒入漏勺沥油。❹原锅留少量花生油坐火上，放入葱段、姜末、肉汤，用小火烧至汤汁收浓，加入香油，然后起锅，将肉卷切成小段，整齐的放入盘中即成。

14 花生米拌豆腐丁

原料｜豆腐干200克，花生米100克，木耳、胡萝卜、熟豌豆各20克，味精、盐、香油各适量。

制作｜❶将豆腐放入开水中煮透，捞出晾凉后切成长1.5厘米见方的丁；花生米放入锅中煮熟后，捞出晾凉；水发木耳洗净撕成小片；胡萝卜刮皮洗净后，切成1厘米见方的丁，然后放入开水中烫一下，捞出晾凉。❷将豆腐丁、胡萝卜丁、花生米、木耳片、豌豆放入盆内，加入盐、味精、浇入香油拌匀后即可食用。

15 宫保豆腐

原料｜豆腐300克，瘦肉丁、胡萝卜丁、油炸花生米各50克，水淀粉、酱油、糖、辣椒酱、淀粉、葱、姜、蒜末各适量。

制作｜❶豆腐切成片，下锅炸成金黄色取出切成丁，用淀粉水搅匀，再下锅炸成金黄色取出。❷锅内放油，用葱、姜、蒜末及胡萝卜丁煸炒。❸加肉丁、花生米、辣椒酱、酱油煸炒几下，添一勺水，再把豆腐丁放入锅内，开锅后用水淀粉勾芡即成。

16 红白豆腐

原料｜豆腐300克，鸡血150克，火腿片、油菜段各少许，盐、酱油、花椒水、味精、水淀粉、香菜各少许。

制作｜❶把豆腐和鸡血都切成小四方丁用开水烫一下；❷锅内放油，油热后炸花椒，添上三勺水，加上火腿片、油菜段和适量盐；❸汤烧开后放入豆腐和鸡血，再烧开后用淀粉勾汁出锅，撒上香菜、味精拌匀即成。

17 海带拌粉丝

原料｜水发海带150克，青菜三棵，水发粉丝100克，醋、酱油、味精、盐、葱花、姜末、香油、蒜泥各适量。

制作｜❶海带洗净，切成细丝，入开水氽透捞出；粉丝切成段，青菜洗净切细丝。❷把三种菜料拌入盆内，然后将酱油、醋、盐、味精、姜末、葱花、蒜泥、香油依次调入，搅拌均匀，装盘上桌即可。

18 鲜蘑腐竹

原料｜鲜蘑150克，水发腐竹150克，盐、姜末、味精、料酒、鸡汤、各适量。

制作｜❶腐竹切成3厘米长的段，鲜蘑洗净，撕成小块。❷炒锅上火，放清水烧开，下入腐竹、鲜蘑，开锅后捞出待用。❸炒锅上火，放油烧热，下入姜末略炸一下，加入料酒、鸡汤、盐调好味，投入鲜蘑、腐竹煨入味后，出锅即可。

19 芦笋虾球

原料｜中虾250克，鲜芦笋6条，葱白1条，姜片2片，料酒、淀粉、盐、糖、香油各适量。

制作｜❶虾洗净，用稀盐水（2杯水加1茶匙盐）浸20分钟，然后去头剥壳，从背部用刀划开（勿断），两面斜划两刀，下料酒、淀粉拌匀。❷芦笋去根部硬皮，洗净切粒，葱白切长段。❸烧热油下芦笋略炒，加盐，大火炒熟，取出，放入碟中。❹烧热油，中火下虾仁迅速炒匀，至变色取出放姜、葱白爆香，下虾仁及芦笋，洒入料酒，炒匀，最后放盐、糖，炒熟即成。

20 花生米炒虾仁

原料｜小虾300克，油炸花生米50克，鸡蛋2个，盐、料酒、淀粉、胡椒粉、鸡汤、葱、姜、味精各适量。

制作｜❶小虾洗净，剥出虾仁，浸泡在清水中；油炸花生米去皮，分成两半。❷葱、姜去皮，洗净，切成片；鸡蛋去黄取清，放入淀粉，搅拌均匀成蛋清糊。❸将虾仁放入瓷盆里，加盐、料酒、味精、鸡汤、水淀粉、葱片、姜片、胡椒粉和辣椒面搅拌均匀，腌渍入味。❹捞出虾仁，将瓷盆中葱片、姜片拣出，加余下鸡汤，拌淀粉成芡汁。❺炒锅烧热，放入豆油，烧热后稍冷却，虾仁拌匀鸡蛋清糊投入油锅，划炒至熟捞出，控油。❻炒锅内留油，烧三成热倒入油炸花生仁米速炒几下，投入虾仁，翻炒几下，倒入勾对好的芡汁，芡熟后，炒匀，出锅，入盘。

21 豆腐海鲜汤

原料｜鱼肉、菜心、虾仁各100克，豆腐半块，姜数片，清鸡汤1碗，盐、糖、胡椒粉各适量。

制作｜❶鱼肉洗净切片，与虾仁加盐拌匀。❷豆腐洗净，切厚片。❸清鸡汤和水一同煮滚，加入菜心煮熟，下姜片、豆腐、虾仁、鱼片煮10分钟，以盐、胡椒粉调味即成。

22 黄瓜炒小虾

原料｜小虾150克，黄瓜150克，熟猪肉50克，料酒、盐、糖、酱油、香油各适量。

制作｜❶将小虾用水洗净，剪去须和脚；黄瓜洗净，带皮切成3厘米长的斜片。❷炒锅放入香油，在旺火上烧热后，稍冷却，放入小虾翻炒，加入黄瓜、熟肉、料酒、糖、酱油、盐、再翻炒，炒均匀出锅，入盘即可。

23 木耳腐竹拌芹菜

原料｜嫩芹菜、木耳、腐竹各80克，盐、味精、香油各少许。

制作｜❶水发腐竹切斜条，撒盐拌匀。❷芹菜切斜条，用开水烫一下（勿煮过头），过凉，控干水分和发好的木耳（撕成小片）一起加盐拌匀。❸将腐竹与芹菜、木耳混合，加少量味精、香油即可。

六

老年高脂血病的膳食指导和推荐食谱

（一）什么是高脂血症？

血液中的脂肪类物质统称为血脂，主要包括胆固醇、甘油三酯、磷脂等。这些物质在血液中与各种蛋白质结合在一起，以“脂蛋白”的形式存在。血浆中各类脂质成分都具有非常重要的功能，但其浓度应在一定的范围之内，如果浓度过高，则称为高脂血症，就会对健康产生不利影响。临床诊断标准为血清总胆固醇>200毫克/分升，或甘油三酯>150毫克/分升。

（二）高脂血症的危害

血脂升高的危害主要在于其与多种疾病密切相关，如我们通常说的“动脉粥样硬化”就是血浆中胆固醇在血管壁上沉积，逐渐形成小斑块。这些“斑块”增多、增大，逐渐堵塞血管，使血流变慢，严重时中断血流。这种情况如果发生在心脏，就引起冠心病；发生在脑部血管，就会出现脑中风；如果堵塞眼底血管，将导致视力下降、失明；发生在肾脏，则会引起肾动脉硬化，肾衰竭。此外，高血脂还与高血压、胆结石、胰腺炎、男性性功能障碍、老年性痴呆等疾病的发生、发展有关。

有高血脂家族史者、体型肥胖者、中老年人、绝经后妇女、长期高糖饮食者、长期吸烟、酗酒者、体力活动少者、生活不规律、情绪

易激动、长期处于精神紧张状态者、肝肾疾病患者、糖尿病患者、高血压患者等往往易出现高血脂的情况。

一个值得警惕的问题是，高血脂的发病是一个逐渐发展的过程，轻度高血脂一般没有任何不适的感觉。所以在开始阶段不易引起人们的注意。等到出现头晕目眩、头痛、胸闷、气短、心慌、胸痛、乏力，甚至口角歪斜、不能说话、肢体麻木等症状时，问题已比较严重。如果最终导致冠心病、脑中风等严重疾病的出现，将危及个人生命，给家庭、社会造成沉重的负担。因此，应该尽早预防高血脂的发生。目前许多专家提出从儿童时期就应该开始关注这一问题。

❶控制膳食总脂肪的摄入量，每天摄入量以在50克以内为宜（包括食物中所含脂肪和烹调用油脂）。

❷控制膳食胆固醇的摄入量，每天摄入量在300毫克以内。

❸控制主食摄入量，多选用淀粉类食物，少吃蔗糖。

❹多吃水果、蔬菜。特别含抗氧化物，如维生素C、胡萝卜素、果胶、纤维素高的水果和蔬菜。

❺在条件允许的情况下多吃些海产品。

（三）降脂推荐组合食单

❶ 食谱一

早餐：脱脂牛奶1袋，窝头50克，糖蒜1头

午餐：米饭1碗，洋葱炒鸡蛋1份（洋葱100克，鸡蛋1个），
白菜豆腐汤（白菜100克，豆腐100克，海米10克）

茶点：绿茶1杯，橘子1个，麦麸饼干5片

晚餐：荞麦面条1碗，面卤（黄瓜50克、番茄50克、鸡蛋30克、肉末30克，黄花、木耳适量）

❷ 食二

早餐：燕麦粥（燕麦片75克，脱脂牛奶1袋），鸡蛋1个，糖蒜1头

午餐：韭菜饺子15个（面150克，韭菜80克，鸡肉馅50克），凉拌海带丝1小盘（生蒜15克，水发海带丝50克，豆腐丝50克，胡萝卜丝25克）

茶点：绿茶1杯，苹果1个，麦麸饼干5片

晚餐：八宝粥1碗，窝头片50克，酱牛肉50克，笋丝拌香芹（香辣笋丝50克，香芹100克，豆腐丝50克，盐、香油、味精适量）

❸ 食谱三

早餐：黑米粥1碗，鸡蛋1个，糖蒜1头

午餐：米饭1碗，清蒸草鱼150克，炒豆芽（绿豆芽100克，韭菜50克），虾皮紫菜汤（虾皮、紫菜、香菜各10克）

茶点：酸奶1瓶，香蕉1根，麦麸饼干5片

晚餐：麻酱面1碗（面100克，麻酱20克，黄瓜100克），豆干拌芹菜（豆干50克，芹菜100克），生蒜3～5瓣

❹ 食谱四

早餐：脱脂牛奶1袋，紫米糕1个，糖蒜1头

午餐：烙饼100克，酱爆鸡脯（鸡脯50克，黄瓜50克，柿子椒50克，洋葱20克，大蒜3瓣）

茶点：绿茶1杯，菠萝1/4个

晚餐：米饭1碗，竹笋炖豆腐（水发竹笋50克，冻豆腐100克，香菇、木耳各10克，火腿2片），鲜菇炒三文鱼（三文鱼100克，鲜冬菇50克，姜片、蒜头少许，上汤220克，麻油及蚝油，盐、糖少许）

❺ 食谱五

早餐：小米粥1碗，丝糕50克，酱牛肉50克，糖蒜1头

午餐：贴饼子100克，排骨苦瓜汤（排骨100克，苦瓜100克，洋葱50克，番茄100克，大蒜3瓣），素炒空心菜（空心菜100克，大蒜3瓣）

茶点：绿茶1杯，麦麸饼干5片

晚餐：米饭1碗，大蒜烧鳝段（鳝段150克，大蒜50，姜、味精、酱油适量），小葱拌豆腐（白玉豆腐半盒，小葱10克，盐、味精适量），菠菜汤1碗

❻ 食谱六

早餐：豆浆1碗，包子50克，火腿肠50克，糖蒜1头

午餐：米饭1碗，素炒苦瓜100克，葱爆羊肉（羊肉100克，大

葱100克）

茶点：绿茶1杯，麦麸饼干5片

晚餐：米饭1碗，麻婆豆腐（豆腐100克，郫县豆瓣15克，姜、味精、酱油适量），菠菜炒鸡蛋（菠菜100克，鸡蛋1个）。

❼ 食谱七

早餐：燕麦粥（燕麦片75克，牛奶1袋），鸡蛋1个，糖蒜1头

午餐：芹菜饺子15个（面150克，芹菜100克，鸡肉馅80克），生蒜15克，凉拌海带丝（水发海带丝50克，豆腐丝50克，胡萝卜丝25克）

茶点：绿茶1杯，糖葫芦1串，麦麸饼干5片

晚餐：米饭1碗，酱牛肉50克，笋丝拌香芹（香辣笋丝50克，香芹100克，豆腐丝50克，盐、香油、味精适量）

（四）降脂食谱推荐

1 蜜饯山楂

原料｜生山楂500克，蜂蜜250克。

制作｜❶将生山楂洗净，去果柄、果核，放在锅内，加水适量，煎煮至七成熟。❷水将耗干时加入蜂蜜，再以小火煮熟透即可。待冷，放入瓶罐中储存备用。

用法｜每日3次，每次15～30 克。

2 玉竹猪心

原料｜玉竹50克，猪心500克，姜、葱、花椒、盐、糖、味精、香油各适量。

制作｜❶玉竹洗净，切成节，用水稍润，煎熬2次，收取药液1000克。❷将猪心破开，洗净血水，与药液、姜、葱、花椒同置锅内，放入盐、糖、味精和香油，加热至汁浓猪心熟即可。

3 玉米粉粥

原料｜玉米粉、粳米各适量。

制作｜将玉米粉加适量冷水调和，将粳米粥煮沸后入玉米粉，同煮为粥。

4 豆浆粥

原料｜豆浆汁500克，粳米 50 克，糖或盐适量。

制作｜将豆浆汁、粳米同入砂锅，煮至粥稠。

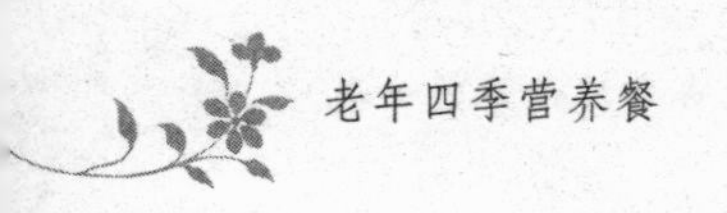

七

老年便秘的膳食指导和推荐食谱

（一）便秘的危害

养成良好的排便习惯，维持大便的通畅对老年人尤为重要。人体代谢产生的废物主要通过大便、小便、汗液和呼吸排出体外。多数健康人每日排便一次，但也有隔日排便一次，而形成有规律的排便周期，自身也没有什么不舒服的感觉，这也属于正常现象。但是因为某种原因使粪便在肠道内滞留时间过长，粪便内所含的水分被过分吸收，以致粪便过于干燥、坚硬，排出困难，正常排便规律被打乱，如2到3天甚至更长时间才排便一次，严重者排便困难，排出的粪便呈球状，这就称为便秘。

老年人发生便秘的机会更多。便秘是一种严重危害人体健康的疾病。患有心脏疾病、肝脏疾病、肾脏疾病和糖尿病的老年人特别需要保持大便通畅。很多心肌梗死、脑出血、上消化道出血都发生在卫生间里，就是由于老人用力排便时血压突然升高引起的。

（二）便秘的原因

资料显示，老年人便秘者比青壮年人便秘者高2至3倍，65岁以上老年人约有1/5经常便秘，其中有半数老年人依赖通便药物排便。引起便秘的原因很多。随着年龄的增长，人到老年，身体许多功能逐渐衰退，消化系统功能减退，如唾液分泌，胃酸分泌，胰腺分泌等功能

减退，小肠的吸收功能减退，食物的消化吸收变慢；另外，老年人的全身肌肉变得比较松弛，缺乏张力和弹性，如胃肠平滑肌松弛，则胃将食物送到十二指肠的速度减慢，肠道运动变迟缓，因而食物或食物残渣在整个胃肠道滞留时间较长，容易引起便秘；多数老年人牙齿不全了，因而影响饮食，容易改变饮食习惯，或偏食过于精细少渣的食物，或不愿吃蔬菜、水果等膳食纤维多的食品，或食谱过于单调，进食较少，饮水也过少等，都很容易发生便秘；也有一些老年人因一些陈年病症，如痔疮、肛裂、肛脱等造成排便疼痛，因而畏惧排便，精神紧张，而抑制排便反射和便意，出现便秘。

（三）缓解便秘食谱推荐

治疗便秘的方法很多，除药物治疗外，主要是平时注意预防，特别是加强饮食方面调节。如保持一定的饮食量，不多食高脂肪的食物，如肥肉类等，根据自己身体情况多吃含纤维素多的食物，如青菜类、薯类等，另外，应饮用足够的水，下面着重介绍一些预防和调理老年人便秘的食谱。

1 四仁包子

原料｜甜杏仁25克，松子仁15克，核桃仁15克，花生仁20克，面粉350克，糖200克，酵母粉、植物油各适量。

制作｜❶将杏仁、松子仁、核桃仁、花生仁一起剁碎，加入植物油、糖、面粉，用手抓匀，制成四仁甜馅。❷面粉、酵母粉和成面团，待发酵后搓成条状，揪成面剂。❸将每一个面剂揉均匀，再压成圆皮，包入四仁甜馅，捏好口，上笼蒸熟后取出即成。

2 粟米发糕

原料｜粟米粉400克，玉米粉100克，糖100克，发酵粉适量。

制作｜❶将粟米粉、玉米粉、发酵粉加水揉匀，放置发酵后，加入糖揉匀制成糕坯。❷将粟米糕放入蒸笼内，用旺火蒸熟，蒸熟后即可食用。

3 松子仁肉饺

原料｜凉水面团1块，猪肉馅300克，熟松子仁25克，新鲜绿叶菜500克，糖10克，香油10克，盐，葱花、姜末、酱油各适量。

制作｜❶绿叶菜择洗干净，放入沸水锅中焯透，捞入凉水中过凉，捞出，切成细末，再挤去水分。❷猪肉馅放入盆里，加入酱油、糖、葱花、姜末拌匀，分几次加水50毫升，顺着一个方向拌动，搅至上劲，再加味精、香油拌匀，最后加拌好绿叶菜末、松子仁，搅拌均匀成为馅料。❸面团做成剂子，擀皮，包入馅料捏成饺子。❹饺子生坯摆入笼里，用旺火沸水蒸20分钟即熟。

4 枣猕猴桃饭

原料｜去核大枣50克，去皮猕猴桃80克，大米250克。

制作｜❶大枣、猕猴桃切小方块，放水中煮一会，滤出水。❷将大米加入事先准备好的大枣猕猴桃水中煮至米近熟。❸把猕猴桃与大枣摆放在米饭的上层，再蒸熟即成。

5 红薯饭

原料｜红薯200克，粟米75克，大米250克。

制作 | ❶将粟米、大米淘洗干净。❷红薯去皮洗净，切成方块，备用。❸将粟米、大米先放入锅内，倒入适量清水，用旺火煮沸后，加入红薯块小火焖至成干饭。

6 萝卜丝饼

原料 | 白萝卜500克，面粉500克，熟火腿丝100克，盐、味精、大葱各适量。

制作 | ❶将面粉加水和成面团，揉匀后醒一会儿。❷白萝卜洗净切成细丝，加盐稍腌一下挤干。❸大葱洗净切成葱花，与火腿丝一起放入萝卜丝中，将油烧热泼在萝卜丝中，加盐、味精拌匀做成馅。❹面团揉成饼剂，擀皮，包入馅，制成厚饼坯。平底锅烧热后放一点点油，将生坯煎至两面金黄熟透即成。

7 荞麦韭菜饼

原料 | 荞麦粉450克，韭菜150克，盐、味精、胡椒粉、植物油各适量。

制作 | ❶将韭菜切成细末。❷荞麦粉加入适量清水拌匀成糊状，加入韭菜末、盐、味精、胡椒粉拌匀。❸平底锅放油烧热，倒入荞麦韭菜摊熟。

8 三豆糯米饭

原料 | 泡发蚕豆、泡发黑豆、泡发赤小豆各250克，糯米、蜂蜜各适量。

制作 | ❶将三豆去皮，放在锅内加适量的水，用小火炖熟煮烂后压碾成泥，加入适量的蜂蜜，调成馅备用。❷糯米淘洗干净，加适量的水，蒸熟。再将熟糯米饭与三豆馅和匀即成。

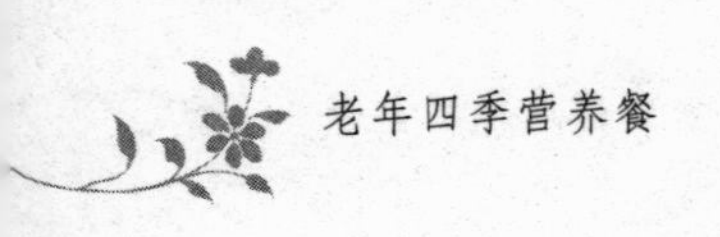

9 红枣甜糕

原料｜高粱粉500克，面粉300克，红枣50克，糖200克，发酵粉适量。

制作｜❶将高粱粉、面粉、糖、发酵粉混合后，加入适量温水和成软面团，发酵。❷红枣洗净，一切两片去核。将发酵好得面团制成块，上面嵌入红枣、放入蒸笼内蒸熟，取出切成小块，装盆即可。

10 莜麦地黄糊

原料｜莜麦面150克，生地黄30克，枸杞子15克。

制作｜❶将生地黄、枸杞子，混合后磨成粗末，与莜麦面混合均匀。❷加入适量的清水，搅拌成稀糊状，入沸水锅，边加边搅拌成稠糊即成。

11 椒盐香榧

原料｜香榧500克，盐50克。

制作｜❶将洁净粗黄沙倒入烫炒锅中用旺火烧热，然后投入500克晒干的香榧种子仁，并不断地用锅铲上下翻炒。❷经10分钟炒制后，香榧外壳灼手、子仁两头微黄，即断火出锅，并筛去粗黄沙。将炒制好的香榧装入布袋内，浸入盐水中，浸泡10分钟后取出，沥干水分。❸再将粗黄沙炒至烫手，接着把香榧倒入锅内再炒制，炒到香榧呈米黄色时取出。炒制时火力要均匀，不能过猛，以免外壳焦化。❹炒制好的香榧冷却后，应放入密封的容器内，减少与空气的接触，避免受潮（香榧一经受潮，便失去香脆特色，而且种衣（仁皮）很难去掉，吃时就感到涩口。）

12 夹沙香蕉

原料｜香蕉250克，淀粉25克，糖10克，豆沙50克，干面粉、鸡蛋清各适量。

制作｜❶将香蕉剥去皮，顺长一剖二片，每片的平面朝下，用手轻轻地把它压扁，上面放上同香蕉一样长的豆沙，再在豆沙上面覆上一条压扁的香蕉，然后横刀切成梭子块或长方块，放在干面粉中，四面滚上面粉，并轻轻拍牢。❷鸡蛋清敲入浅汤盆中，用筷子打成蛋泡糊，放入干淀粉拌匀，放入夹沙香蕉块，四面挂上糊。❸炒锅上旺火，放油烧七成热，用三指撮起带糊夹沙香蕉，边投热油锅中边用筷拨转，结糊壳后捞出。再投入香蕉块，逐一炸至脆壳、淡金黄色，捞出装盆，撒上糖即成。

13 蜜桃冻

原料｜蜜桃1000克，琼脂1克，玫瑰花0.5克，松子仁5克，糖200克。

制作｜❶将桃削去皮，剖成两片，去核洗净；将玫瑰花切碎；将琼脂切成3段；汤锅上火，放净水将桃子投入煮熟，捞起冷却。❷汤锅再上火，放净水500毫升，下琼脂溶化，加入糖、桃片，煮至糖汁起黏时离火。❸取大扣碗1个，放入松子仁，再将锅内桃片捡出排列在碗内一周。❹原汤锅上火，烧沸，撇去汤面浮沫，加入玫瑰花，起锅倒入扣碗内，凉却后放入冰箱内冷藏凝成冻后，取出扣入盘中即成。

14 蕨菜木耳肉片

原料｜蕨菜150克，干黑木耳6克，瘦猪肉100克，水淀粉、盐、酱油、醋、糖、泡姜、泡辣椒各适量。

制作｜❶将蕨菜洗净切段，黑木耳水发、去根，洗净；猪肉洗净切片，用水淀粉拌匀。❷油锅内油烧热后放入肉片，炒至变色，放入蕨菜、黑木耳及盐、酱油、醋、糖、炮姜、泡辣椒，翻炒均匀即成。

15 黑白双耳

原料｜水发黑木耳、银耳各200克，香油20克，胡椒粉、味精、糖、盐各适量。

制作｜❶将双耳去杂质洗净，沸水稍烫后捞入冷水中略浸，捞出沥干装盘。❷加少许香油、胡椒粉、味精、盐、糖，再加少量开水拌匀即成。

16 姜丝菠菜

原料 | 菠菜250克，姜丝5克，盐、酱油、香油、花椒油、味精、醋各适量。

制作 | ❶将菠菜择洗净，切成7厘米长的段。❷锅内加净水烧沸，放入菠菜段略焯，捞出沥净水，轻轻挤一下，装在盘中抖散晾凉。❸加入姜丝、盐、酱油、味精、醋，淋上香油、花椒油，拌匀即成。

17 八宝菠菜

原料 | 菠菜500克，炒花生米30克，生姜10克，熟猪肉20克，五香豆腐干20克，净虾皮、葱、盐、味精、醋、香油各适量。

制作 | ❶将菠菜择洗净，连根投入沸水锅中烫煮，翻一个身即捞出沥水，晾冷，理齐后切成碎末，稍挤水，放入盘中。❷将炒花生米去皮，碾成花生碎；生姜、葱、熟猪肉、五香豆腐干均切成碎末，然后与菠菜末、虾皮、花生等一起拌匀，再加少许味精、盐、香油、醋调拌均匀即成。

18 芝麻拌菠菜

原料 | 菠菜500克，黑芝麻20克，醋、酱油、香油、盐、味精、蒜茸各适量。

制作 | ❶将菠菜择洗择，切成4厘米长的段，放入沸水中略烫捞出，放入凉水中过凉，捞出挤干水分。❷黑芝麻淘洗干净，沥干水分，炒锅上小火，放入芝麻炒至有香味时取出。❸将菠菜放入盘中，加入盐、味精、醋、酱油、香油、蒜茸拌匀，上桌前再撒上炒香的芝麻拌匀即成。

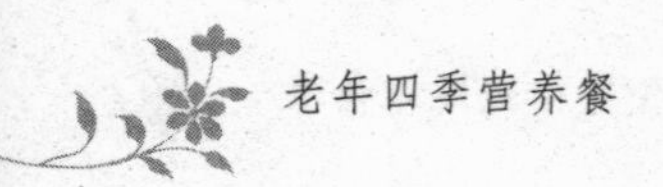

19 鲜蘑桃仁

原料｜鲜蘑菇300克，鲜桃仁100克，盐、料酒、糖、水淀粉各适量。

制作｜❶将鲜蘑根部的皮刮掉，用开水烫一下捞出，控净水。❷鲜桃仁去皮洗净，用冷水泡上，并上笼蒸熟。❸加水适量，上火烧开，再加鲜蘑菇和桃仁，烧沸后放盐、料酒、糖，烧匀，再烧开用水淀粉勾芡，装入盘内即成。

20 松子豆腐

原料｜北豆腐1块（约重300克），松子仁50克，高汤500克，香菜末50克，糖、盐、味精各适量。

制作｜❶将豆腐切成豆腐块，放入开水锅中烫煮至浮起，捞出控净水。❷锅中放入油烧至六成热，放入25克糖，用小火炒成枣红色，烹入料酒，加入高汤，把松子仁放入汤内，再加入盐、糖50克和味精，放入豆腐块，用小火烧，边烧边用牙签扎豆腐，使汤汁渗入豆腐中，待豆腐涨起后，迅速盛入盘中，将香菜末撒在上边即成。

21 葱头胡萝卜

原料｜胡萝卜150克，洋葱150克，米醋、糖、盐各适量。

制作｜❶将胡萝卜、洋葱分别洗净，切成细丝。❷炒锅上火，烧热后加入适量的植物油，烧红后放入胡萝卜，煸出红油，再放入洋葱，炒至七成熟时，放入盐、糖、米醋调味后关火。

22 砂锅菜心

原料｜油菜心400克，高汤、竹笋、香菇、水发海米、盐、味精、葱花、姜丝、香油各适量。

制作｜❶将菜心根部划十字花刀；竹笋切成长方片；炒锅上旺火，放油烧至四成热，下入菜心，炒至呈翠绿色后盛出。❷另取砂锅，将菜心根部朝外、叶朝里顺炒锅摆成圆形，将笋和香菇间隔排成圆形盖在菜心上，中心撒上海米，放入盐、味精、葱花、姜丝及高汤，用旺火烧沸，撇去浮沫，改用小火煮，至菜心熟时淋上香油即成。

23 素炒芹菜

原料｜芹菜250克，笋片25克，料酒10克，盐、花椒、味精各适量。

制作｜❶将芹菜切成段；玉兰片切成3厘米长的丝。❷炒锅烧热，先炸花椒、然后下芹菜、玉兰片，翻炒几下，烹料酒，放味精、盐，炒熟出锅。

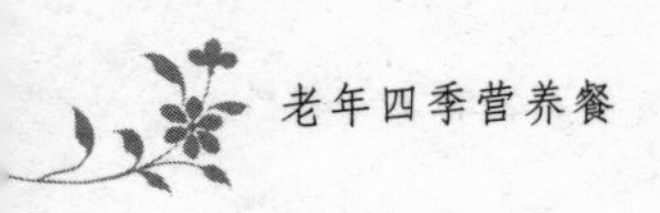

24 龙须菜卷

原料｜干龙须菜10克，熟鸡脯肉50克，熟火腿50克，冬笋50克，水发香菇50克，高汤、黄瓜、盐各适量。

制作｜❶将熟鸡脯肉、熟火腿、冬笋、水发香菇和黄瓜分别切成似火柴梗粗细的丝；再将龙须菜浸泡，洗净。❷取各种丝若干根，用龙须菜在丝的中腰捆扎成把，放入高汤中烫熟烧开，捞出装盆，加适量盐即成。

25 凉拌海带丝

原料｜泡发好的海带250克，豆腐皮100克，盐、糖、生抽、味精、姜末、蒜末、香油各适量。

制作｜将泡发好的海带洗净，用开水烫过，捞出切成细丝，放在盘中，再将豆腐皮切成丝，全部调料倒入盘中，拌匀即成。

26 核桃仁炒丝瓜

原料｜核桃仁100克，丝瓜300克，姜末、盐、味精、料酒各适量。

制作｜❶将丝瓜洗净，刮去皮，切成稍厚的片；把核桃仁放入沸水中浸泡后捞出，剥去皮衣。❷炒锅上火，放油烧热，下姜末炝锅，放入丝瓜和核桃仁煸炒，加入盐、料酒、味精滑炒至核桃仁和丝瓜熟，再用水淀粉勾芡，淋上鸡油，出锅装盘即成。

27 卷心菜芝麻泡菜

原料｜卷心菜500克，熟芝麻30克，味精5克，辣椒粉10克，蒜末30克，姜15克，盐5克，香油15克。

制作｜❶将卷心菜顺切成丝备用，生姜切成末。❷将卷心菜丝用开水焯一下，捞出过凉，放入姜末、蒜、辣椒粉、盐搓匀后发酵3～5天，待有酸味时即成。❶吃时放入味精、芝麻、香油拌匀即成。

28 玉翠羹

原料｜玉米粉100克，菠菜100克，豆腐100克，盐、味精各适量。

制作｜❶将菠菜洗净，用沸水烫过后，切成小段；豆腐切小块，用沸水烫一下，捞起沥干。❷将玉米粉用温水调匀后，缓缓倒入沸水锅内煮开成糊状，放入菠菜段、豆腐块、盐、味精拌匀调好口味即可食用。

29 菠菜猪血汤

原料｜鲜菠菜500克，猪血约250克，盐、味精各适量。

制作｜❶将鲜菠菜洗净切成段，用开水略烫一下；猪血切成小块。❷锅里加水煮开，然后加入猪血、菠菜，一起煮汤，熟后稍加盐、味精调味即成。

30 蜂蜜香油汤

原料｜蜂蜜50克，香油25克。

制作｜将蜂蜜放入碗中，用竹筷不停地搅拌使其起泡，搅至蜂蜜泡细密时，边搅边将香油缓缓地倒入蜂蜜中，共同搅匀，再将约100克温开水徐徐加入，搅匀，搅至开水、香油、蜂蜜成混合液状即成。

31 五仁粥

原料｜芝麻仁10克，松子仁10克，核桃仁10克，桃仁（去皮尖）10克，甜杏仁10克，粳米200克。

制作｜将前5味混合碾碎，与淘洗干净的粳米一同入锅，加水2000毫升，用旺火烧开后转用小火熬煮成稀粥。可调入适量糖。

32 紫苏麻仁粥

原料｜紫苏子10克，火麻仁15克，粳米100克。

制作｜将紫苏子、火麻仁捣烂，加水研，滤取汁，与淘洗干净的粳米一同入锅，加水用旺火烧开，再转用小火熬煮成粥。

33 红薯粥

原料｜鲜红薯250克，粳米200克。

制作｜将红薯洗净切成块，与淘洗干净的粳米一同入锅，加水用旺火烧开，再转用小火熬煮成稀粥。

34 松子仁粥

原料｜松子仁45克，粳米100克。

制作｜将松子仁和水研磨成膏；将淘洗干净的粳米入锅，加水1000毫升，用旺火烧开后转用小火熬煮成稀粥，调入松子仁膏，稍煮即成。

35 郁李仁粥

原料｜郁李仁15克，粳米100克。

制作｜将洗净的郁李仁捣烂，加水研磨后加水，用小火煎煮后滤弃残渣，取药汁放入砂锅中，加入淘洗干净的粳米，再加水900毫升，一同煮为稀粥。

第九章 祖国传统医学与老年人滋补药膳

一

滋补药膳的养生原则

根据祖国传统医学，老年人在食用滋补性食物养生时应掌握一些原则。

1. 适应个人特点

由于性别、年龄、生理状况、形体差异以及个人生活习惯的不同，对膳食会产生不同的要求，因此，选用保健食品不能千篇一律。同样的食品对一些人可能效果显著，而对另一些人可能适得其反。例如牛奶对大多数人是理想的营养食品，但有些人的体内缺少乳糖酶，食后会出现腹痛、腹泻等不适症状；同量的桂圆肉，有人食后能安眠，有人则上火失眠。体质虚弱的老人进行食补时，要注意区别是阳虚还是阴虚而分别对待，阳虚宜多选用羊肉、狗肉等进补，而阴虚则宜食龟肉、鳖肉、蛤蜊肉等滋阴食品。

2. 根据所患疾病的性质和表现选择食补

按照中医理论，食疗过程中应遵循“寒者温之、热者凉之、虚者补之、实者泻之”的原则。而对疾病，则应根据其轻重缓急的不同，遵循“急则治其标，缓则治其本”的原则。“标”是疾病的临床表现和症状，“本”是疾病发生的机理和病因，一般慢性疾病多从治本着手，急性病则多先治其标再治其本或标、本同治。

3. 注意食物的性和味

食物的性，指寒、热、湿、凉四种性质；食物的味，指的是酸、苦、甘 、辛、咸五种味。

一般寒凉食物有清热泻火、解毒消炎的作用，适合于春夏季节或患温热性疾病的人食用，这类食物有绿豆、赤小豆、梨、香蕉、柿子等；而温热食物则有温中、补虚、除寒的作用，适合于秋冬季节或患虚寒性疾病的人食用，这类食品有糯米、肉类 、鲫鱼、黄鳝等。

不同味的食品也有不同作用。“辛”能宣散滋润、疏通血脉、运行气血、强壮筋骨、增强机体抵抗力，常用食品有葱、姜、蒜、胡椒、花椒、萝卜、各种酒类等；“甘”能补益和中、缓急止痛，常用食品有大枣、糯米、动物肝脏、鸭梨、椰子、豆腐、蜂蜜、糖等；“酸”有收敛固涩作用，与甘味配合能滋阴润燥，常用食品有醋等；“苦”能泻火燥湿，与甘味配合有清热利尿、祛湿解毒的作用，如苦瓜、茶叶等；“咸”有软结、散结、泻下作用，如海产品、猪腰、鸽子肉等。还有一种淡味食品，有渗湿利尿作用，如薏米、白扁豆、冬瓜、藕、花生、 鸡蛋等。

4. 因时因地灵活选择

一年四季春温、夏热、秋凉、冬寒，气候的不断变化，对人体生理机能会产生一定影响。中医学认为饮食顺应四时变化，才能保养体内阴阳气血，使“正气存内 ，邪不可干”。一般认为春季气候温暖，万物生机盎然，宜食清淡，可多吃些菜粥，如荠菜粥；夏季气候炎热、多雨湿重，宜食甘凉之物，如绿豆汤、荷叶粥、薄荷汤、西瓜、冬瓜等 ；秋季气候转凉干燥，宜食能生津的食品，如藕粥等；冬季寒冷，食品宜温热，可食八宝饭、涮羊肉、桂圆枣粥等，以温补机体精气。地理环境不同，对食物结构也有较大影响，如饮食不当，还会发生水土不服。

二

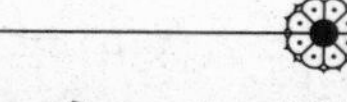

老年人滋补药膳

1 百合红枣粥

原料｜江米30克，百合9克，红枣10枚，糖适量。

制作｜❶先将百合用开水泡软，以去除一部分苦味。❷江米淘净，和百合、红枣用文火缓熬成粥，加糖适量即成。

功效｜江米甘平，能益气止汗；百合甘苦微寒，能清热安神，清虚火，利二便；红枣甘温，养心补血安神。这道粥适用于植物神经功能失调、更年期综合征，有清虚火、安心神、调理失眠之效。

用法｜适合女性朋友食用。

2 人参粥

原料｜人参3克，粳米100克，冰糖适量。

制作｜❶将粳米淘洗干净后，与人参粉（或片）一同放入砂锅内，加水适量。❷将锅置旺火上烧开，移文火上煎熬至熟。❸将冰糖放入锅中，加水适量熬汁；再将汁徐徐加入熟粥中，搅拌均匀即成。❹制作中，忌接触铁器和萝卜。

功效｜益元气，补五脏。适用于老年体弱、劳伤亏损、食欲不振、失眠健忘、性功能减退等一切气血津液不足的病症。

用法｜宜秋冬季早晚空腹食用。

3 松子粥

原料｜松子仁50克、粳米50克、蜂蜜适量。

制作｜将松子仁碾碎，同粳米煮粥。粥熟后调入适量蜂蜜即可食用。

功效｜补虚、滋阴养液、润肺，滑肠。适用于中老年人及体弱早衰、产后体虚、头晕目眩、肺燥咳嗽、慢性便秘等症。

用法｜早晨空腹及晚上睡前服食。

4 二米粥

原料｜玉米粉、大米各适量。

制作｜将玉米粉加适量冷水调匀，待大米粥煮沸后入玉米粉同煮为粥。

功效｜降脂、降压，对动脉硬化、心肌梗死、血液循环障碍等有一定调理作用。

用法｜早、晚餐温热服食。

5 绿豆粥

原料｜绿豆适量、大米100克。

制作｜先将绿豆洗净，用温水浸泡2小时，然后与大米同入砂锅内，加水1000毫升，煮至豆烂、米开、汤稠。

功效｜清热解毒、消肿、降脂，也适用于暑热烦渴、疖肿、食物中毒等症。

用法｜每日2、3次，夏季可当冷饮经常食用。脾胃虚寒，腹泻者不宜食用，冬季不宜食用。

6 八仙茶

原料｜粳米、小米、黄豆、赤小豆、绿豆、芝麻、茶叶各50克，花椒1克，小茴香2克，干姜3克，盐3克，面粉34克，胡桃仁50克，大枣肉30克，松子仁10克，冬瓜仁10克，糖适量。

制作｜先将粳米、小米、黄豆、赤小豆、绿豆分别炒香炒熟；干姜、盐略炒，与茶叶、 芝麻、花椒、小茴香以及米、豆一起研成细面。将细面炒黄熟，与米粉、豆粉混合均匀，用瓷罐收藏。吃时再加入适量胡桃仁、松子仁、冬瓜仁、枣肉、糖调匀。

功效｜益脾肾，养五脏，防病延年。可作为老人的保健药膳食物，无病常食可防病，有慢性病者亦可常食，以促使恢复健康。

用法｜每次用3匙，白开水冲服，可当早点，亦可作加餐用。

7 首乌素鳝丝

原料｜何首乌30克，水发大香菇30克，油菜心8个，盐、酱油、糖、味精、香油、料酒、胡椒粉、水淀粉、淀粉、葱、姜丝各适量。

制作｜❶何首乌水煎两次，过滤，浓缩滤液。将发好的冬菇用剪刀转圈剪成如鳝鱼丝一般粗细的长条，再用干淀粉搅匀。❷锅内放花生油，待油热将香菇丝下锅，慢火炸至酥脆，捞出。❸炒锅放底油烧热，下葱、姜炝锅，放入清水、药液、料酒、盐、糖、味精、酱油烧开，用水淀粉勾芡成稠汁，下炸好的香菇丝、胡椒粉翻匀，淋香油出锅装盘，将烧好的油菜心摆放在盘边。

功效｜何首乌是延年抗衰老药材，同时对老人也具有良好的益智作用。

用法｜佐餐食用。

8 人参鹌鹑蛋

原料｜人参15克，黄精20克，鹌鹑蛋30个，盐、糖、味精、香油、料酒、水淀粉、高汤、葱末、姜末、酱油、醋各适量（以上为8人量）。

制作｜❶将人参焖软，切片，放瓷碗中蒸两次，收取滤液；黄精煎两遍取其滤液，浓缩，与人参液合为半杯；将鹌鹑蛋洗净，煮熟，用麻油炸成金黄色备用。❷用小碗将高汤、糖、盐、酱油、味精、醋、药汁、料酒、水淀粉等对成汁。❸另起锅，用葱、姜末炝锅，将炸好的鹌鹑蛋同对好的汁一起下锅，翻炒，淋香油出锅，装在盘中。

功效｜鹌鹑蛋味甘性平，有补五脏、益中气、实筋骨作用。对防治早老性痴呆有一定作用。

用法｜佐餐食用。服用此药膳时，不要吃萝卜，不要喝茶。

9 五加蒜泥白肉

原料｜南五加皮20克，猪后腿肉500克（其中瘦肉约200克），蒜泥10克，醋15克，糖5克，酱油25克，辣油20克，味精、香油各少许。

制作｜❶将猪腿肉放入锅内加南五加皮（用布包）煮至断生，捞出，冷却后将肉横丝切成6.5厘米长的薄片。锅内放清水烧开，将肉片入锅烫一下，至肉片卷起，捞出沥干，装盘，再将蒜泥、糖、味精、酱油、醋、辣油、香油等配成调料，浇在肉上即可。

功效｜有滋补强身作用，能提高机体的免疫功能，有降脂、降糖作用。

用法｜佐餐食用。

10 出水莲蓬

原料｜莲子42粒，麦门冬10克，豆腐125克，牛肉15克，水发冬菇、冬笋各10克，菠菜叶25克，熟花生油、葱末、姜末、味精、盐各少许。

制作｜❶麦门冬去花心与莲子同煮至莲子熟烂；冬菇、冬笋、牛肉剁末，放油锅中加葱、姜、味精、盐等煸炒，再放少量香油炒好作馅。❷将豆腐洗净，用铜丝筛子滤后放入碗内，加盐、味精适量；菠菜叶捣烂挤汁，将菠菜汁调入豆腐碗内。❸将6个小碗擦洗干净，内壁抹满熟花生油放上半碗调好的豆腐，放入调好的肉馅再放入豆腐，然后每个小碗中放煮熟的莲子7颗，使之成莲蓬状，上笼蒸7分钟即可。

功效｜益智药膳，也适用于高血压，冠心病以及阴虚内热体质的人食用。

用法｜佐餐食。患痈肿疔疮的病人不要服用。

11 枸杞叶炒猪心

原料｜枸杞叶250克，猪心1个，盐、糖、酱油、料酒、菜油、各适量。

制作｜❶将猪心洗净，切成片；枸杞叶洗净备用。❷取菜油适量，烧至八成热时，倒入猪心，加料酒，略加煸炒后，再倒入枸杞叶，酌加盐、糖、酱油，待枸杞叶软后起锅盛盘。

功效｜益精明目，养心安神。

用法｜佐餐食用。

12 蟹黄二冬

原料｜天门冬50克，银耳100克，冬瓜400克，胡萝卜200克，水淀粉、盐、糖、高汤、姜汁、味精各适量。

制作｜❶将天门冬煎两遍，过滤，取滤液；用滤液泡发银耳，将银耳撕成小朵。❷冬瓜去皮、瓤，切成条，用高汤煮烂后捞出，与银耳加盐、糖、味精等高汤煮烧15分钟，加水淀粉勾芡装盘。❸胡萝卜煮一下，加盐、糖、姜汁、味精后压烂，制成蟹黄，淋在冬瓜、银耳上。

功效｜具有润燥滋阴、清肺降火作用，有助于抗衰老。

用法｜佐餐服食。此药膳偏于寒凉，阴虚内寒体质的人不宜常用。应避免油腻食物与之同食。

13 炸熘人参果

原料｜人参10克，核桃仁30克，山药500克，鸡蛋2个，糖、水淀粉各适量。

制作｜❶人参研细末；山药洗净，放笼内蒸熟，剥皮，碾成山药泥；将人参与山药泥搅拌均匀，制成人参山药泥；核桃仁用沸水浸泡，剥皮，用净毛巾沾去水分。❷锅内放油，待其烧至五成热时下桃仁，炸成淡黄色捞出；鸡蛋打成蛋液；将炸好的核桃仁用人参山药泥包成圆球，表面沾蛋液及水淀粉。❸待油烧至八成热时，将人参山药泥下油中炸至金黄色捞出，整齐地码放到盘中。❹炒锅内打底油，放糖和清水熬糖汁，将熬好的糖汁浇在炸好的人参果上即可。

功效｜人参有健脾、安神之功，能抗疲劳、提高体力劳动及脑力劳动效率、提高人体的抗病能力和适应能力。

用法｜佐餐食用。此方中有人参，故不宜与萝卜、茶同食。

14 何乌煮鸡蛋

原料｜何首乌10克，鸡蛋2个，葱段、姜片、盐各适量。

制作｜❶将何首乌洗净，切成长3.3 厘米、宽1.6 厘米的块；把鸡蛋、何首乌放入砂锅内，加水适量，再放入葱、姜、盐。❷将砂锅置旺火上烧沸，文火煮至蛋熟，将蛋取出用凉水泡一下，将蛋壳剥去，再放入铝锅内煮2分钟。

功效｜补肝肾、益精血、抗早衰，适用于血虚体弱、头晕眼花、须发早白、未老先衰、遗精、脱发以及血虚便秘等症。最适于虚不受补者。

用法｜食用时，加味精少许，吃蛋喝汤，每日1次。

15 荷叶米粉肉

原料｜新鲜荷叶5张，瘦猪肉250克，大米250克，盐、酱油、淀粉等调味品各适量。

制作｜❶先将大米洗净泡一泡捣成米粉；猪肉切成厚片，加入酱油、淀粉、糖、盐、料酒搅拌匀，备用。❷将荷叶洗净，裁成10块，把肉和米粉包入荷叶内，卷成长方形，码放入蒸笼中蒸30分钟，取出即可。

功效｜健脾养胃，升清降浊，有降血脂作用。

用法｜佐餐食用。

16 补气药膳——黄芪汽锅鸡

原料｜净嫩土鸡1只，黄芪30克，葱1根，姜6片，盐、料酒适量。

制作｜❶将鸡切成块，放沸水中氽烫一下，捞起冲净沥干，放入汽锅中。❷黄芪、葱（打结）和姜片一同放在鸡上，加入盐、料酒和清水3杯，盖上汽锅盖，放蒸笼或大锅中，隔水用大火蒸约2小时即可。

功效｜能大补元气，适用于病后元气亏损、神疲乏力、气短汗出、饮食无味、头晕目眩等症。

用法｜饮汁食鸡肉，分几次食完。

17 养血药膳——当归兔肉汤

原料｜兔肉500克，当归10克，葱2根，姜10～15片，盐、料酒各适量。

制作｜❶将兔肉洗净切块，锅内放油烧热，下兔肉翻炒5分钟。❷锅里加水4杯，煮沸后撇去浮沫，加入当归和调料，焖煮约30分钟，至肉烂熟即可。

功效｜兔肉营养丰富，当归为补血活血要药，制成药膳适于贫血及体质虚弱、头晕、面色萎黄者。

用法｜食肉喝汤，分几次食完。

18 温阳药膳——附片蒸羊肉

原料｜羊腿肉1000克，制附片10克，葱花、葱段、胡椒粉、姜片，料酒、高汤、盐各适量。

制作｜❶整块羊腿肉洗净，下锅煮熟，捞出，切成厚片。❷附片洗净，取大瓷碗一个，放入羊肉（皮朝上）、附片和葱段、姜片、料酒、盐，加高汤隔水蒸30分钟。食时撒上葱花、胡椒粉即可。

功效｜附片辛热，温阳作用强；羊肉辛温补虚，较适用于肾阳虚、心悸、畏寒、腰膝酸软、阳痿等。

用法｜食肉喝汤，分几次食完。

19 滋阴药膳——双耳汤

原料｜木耳、银耳各10克，冰糖适量。

制作｜❶将木耳、银耳用温水泡发（木耳若太大块，可撕成小块），拣去蒂及杂质，洗净放锅内。❷加清水3杯煮沸后，用小火煮1小时，加入冰糖即可。

功效｜滋阴、养血、润燥。

用法｜早晚各服1次，需久服。

20 滋阴药膳——八宝银耳羹

原料｜大粒西谷米25克，银耳10克，香蕉1根，苹果1个，白果20克、蜜枣2个、鸽蛋4个，冰糖适量。

制作｜❶清水2杯煮沸后，将西谷米倒入，用小火煮到完全透明为止，备用。❷银耳泡发洗净，拣去根蒂及杂质，撕成小块，香蕉、苹果去皮后切丁。❸锅中煮沸4杯水，加入银耳、白果和蜜枣，一同煮20分钟左右，再加入苹果丁煮1分钟。❹打入鸽蛋，盖上锅盖，煮2分钟，撇去白沫。❺加入西谷米，再加香蕉丁和冰糖煮1分钟即成。

功效｜平补，可作为四季滋补的常用食疗药膳，适用于身体阴虚之人。

用法｜作点心食用，每日服2次。